LISTENING

하루 한 권, 들어주는 기술

야마모토 아키오 지음
후쿠다 다케시 감수
김나정 옮김

대방의 이야기를 자연스럽게 이끌어 내는 커뮤니케이션 능력

야마모토 아키오 지음

주식회사 대화법연구소의 주임 교수로, NPO 대화법네트워크의 이사장을 역임했다. 현재는 인재 육성 컨설턴트 대표로 직장인과 대학생을 대상으로 커뮤니케이션 강좌 및 취직을 위한 면접 강좌를 진행하고 있다. 국립 전기통신대학 통신기계공학과를 졸업한 후 대형 종합 전기 회사에 입사했고, 1982년 대화법연구소 지도자 자격증을 취득했다. 1998년부터는 회사에서 기술 업무와 함께 사내 연수도 담당했다. 대화법연구소에서 강사 업무를 병행하면서 국가 기관(공무원 대상), 전국의 지방 기관(공무원 대상), 일본은행, 공익 재단, 일반 기업 등에서 연수 강사로 활동했다. 국가 기관, 일본은행에서는 10년 이상, 전국 지방 기관, 도쿄전력, 오사카 가스, 리소나 은행, 히사미쓰 제약, 보쉬 등에서는 약 5년간 강사로 활동했다. 주요 저서로는 『論理的に話す技術논리적으로 말하는 기술』·『理工系のための就活の技術이공계를 위한 취업 준비 기술』〈サイエンス・アイ新書〉, 『まず1分間にまとめる話し方超整理法1분 동안 정리하는 말투 초정리법』〈日本実業出版社〉이 있으며, 이외에 많은 책을 공저로 저술했다.

후쿠다 다케시 감수

주오대학 법학부 졸업 후 야마토 운수에 입사했다. 언론과학진흥협회 지도부장과 이사를 거쳤다. 대화법연구소를 설립하여 소장으로 취임했고, 현재는 회장으로 재직 중이다. 국내에 번역된 저서로는 『듣기의 힘』, 『프레젠테이션 잘 하는 법』, 『말투가 인성이다』, 『흥분하지 않고 우아하게 화내는 기술』 등이 있다.

김소통

말하는 사람이 시간 가는 줄 모르고 이야기할 정도로 상대방의 말을 잘 들어 준다. 그녀와 대화하고 나면 모두 만족스러운 얼굴로 돌아간다. 별 용건이 없어도 정기적으로 그녀를 찾아오는 사람들이 있을 정도.

이웅변

사회생활 2년차 직장인. 다른 사람의 말을 말 그대로 '듣고는' 있다. 하지만 동료가 상대방에게 좋은 인상을 주거나 날카로운 질문으로 이야기를 이어가는 것을 보면 위기감을 느낀다.

박불통

듣는 행위 자체에 전혀 관심이 없다. 자신이 하고 싶은 말만 하면 되는 타입. '꽉 막힌 박부장'으로 통한다.

들어가며

이 책을 집어 든 당신은 어떤 계기로 듣는 기술을 배워야겠다고 생각했습니까? 사실 10년 전쯤부터 듣는 기술을 공부해야겠다고 생각하는 사람들이 꾸준히 늘고 있습니다.

저는 1998년 주식회사 대화법연구소에서 토요 강좌를 담당하는 것을 시작으로 2003년부터 국가 공무원, 지방 공무원, 공기업, 공익 재단, 일반 기업의 연수를 담당하는 한편 대학에서 취업 면접 강좌를 진행해 왔습니다. 많게는 한 해에 3,000명 정도의 수강생에게 말하는 법과 듣는 법을 가르치는 셈입니다.

수강생들의 이야기를 들어 보면 듣는 기술의 중요성을 느끼는 사람들이 늘고 있다는 사실을 알 수 있습니다. 그전에는 화술, 스피치, 설명, 프레젠테이션과 같은 단어가 주요 키워드로 관심을 받았는데 말이죠. 점차 시대가 변하고 있다는 뜻입니다.

반면 "듣는 기술이라니… 그냥 들으면 되는 거 아냐? 그런 걸 공부까지 할 필요는 없지 않나?"라며 듣는 기술을 가볍게 여기는 사람도 있습니다. "듣기보다는 커뮤니케이션이 우선이지."라고 말하는 사람도 적지 않습니다. 이쯤이면 이해했겠지만 '커뮤니케이션이 우선'이라는 생각은 틀렸습니다. 커뮤니케이션이란 듣기와 말하기를 주고받는 행위이고 듣기와 말하기는 수레의 양쪽 바퀴와 같기 때문입니다.

본격적인 이야기에 들어가기 전에 짚고 넘어갈 점이 세 가지 있습니다. 먼저 상대방의 입장이 되어 듣는 마음가짐의 중요성입니다. '듣기'라고 하면 아무래도 수동적인 느낌이 듭니다. 때문에 듣기보다는 내가 어떻게 느끼는지, 내 차례에 뭐라고 말하면 좋을지를 더 생각하게 됩니다. 그러나 내 앞에서 말하고 있는 상대방의 입장이 되어 보는 마음가짐은 듣는 기술과 커뮤니케이션의 토대가 되는 가장 중요한 지점이라는 사실을 잊지 말아야 합니다.

만약 커뮤니케이션이 어렵게 느껴진다면 2장의 주요 내용인 말하는 사람의 입장이 되어 듣는 기술을 떠올립니다. 즉 '들을 때는 말하는 사람의 입장이 되자', '말할 때는 듣는 사람의 입장이 되자'라고 생각하면 개선 방향이 보일 것입니다.

또한 말하는 기술을 '잘 듣는 기술'로 바꿔 생각하면 듣기와 말하기를 더 깊이 있게 이해할 수 있습니다.

무엇보다도 듣는 마음가짐의 진정성이 중요합니다. 제가 젊었을 때는 말하는 기술을 일종의 수법으로 배웠는데 이 때문에 오히려 커뮤니케이션의 이치를 늦게 깨달았습니다. 듣기도 마찬가지입니다. 나이가 들어 듣는 기술을 의식적으로 배우게 되었는데, 듣기 또한 수법만 배우면 일시적으로 효과가 있을지 몰라도 언젠가는 벽에 부딪치게 됩니다.

두 번째는 이 책의 구성과 포인트입니다. 이 책에서는 다양한 듣는 기술과 함께 말하는 기술까지 다루므로 커뮤니케이션 전반에 대해 배울 수 있습니다.

각 장의 제목	주요 내용
제1장 나는 지금 어떻게 듣고 있나	· 듣기와 말하기는 대등한 관계로, 커뮤니케이션의 두 기둥
	· 세 가지 '듣기': 듣기, 경청하기, 질문하기
	· 듣기는 다섯 가지 포인트의 종합적 능력

제2장 말하는 사람의 입장이 되어 듣는 기술	· 듣는 태도가 나에 대한 평가를 가른다
	· 듣기의 엄청난 효과: 호감형이 된다, 정보를 수집할 수 있다, 상대방의 기분을 이해할 수 있다
제3장 말하는 사람에게 만족감을 주는 경청하는 기술	· 긍정적 듣기와 적극적 듣기
	· 적절한 끄덕임과 맞장구
	· 다가가는 경청과 지지하는 경청
제4장 대화의 연결고리를 만드는 질문하는 기술	· 듣는 사람에서 말하는 사람이 되어 질문하기
	· 경청과 말하기를 교대로 사용해 커뮤니케이션하기
	· 열린 질문과 닫힌 질문
제5장 말하는 사람을 돕는 확인 · 요약의 기술	· 확인 · 요약은 말하는 사람을 돕는 일
	· 확인 · 요약은 듣는 사람에게 유용하다
	· 확인 · 요약의 기술을 단련하면 커뮤니케이션 능력이 향상된다
제6장 커뮤니케이션의 달인으로 만드는 말하는 기술	· 말하기와 듣기는 수레의 양쪽 바퀴
	· 논리적으로 말하기 위한 세 가지 요소 이해하기
	· 간결하고 논리적으로 말하는 기술을 익히기

이 책은 1,083명을 대상으로 진행한 인터넷 설문조사 분석 결과를 토대로 합니다. 분석 결과와 나 자신을 비교하면서 읽는 재미도 있습니다. 그 외에도 일러스트레이터 니시카와 다쿠 씨의 직관적인 일러스트와 간단히 해 볼 수 있는 자가 진단 체크리스트도 이 책의 특징입니다.

세 번째는 1장부터 6장까지의 내용을 하나로 인식하는 것입니다. 특히 4장과 5장에 실린, 듣는 사람이 말하는 사람이 되어 질문하고 요약하는 법을 읽으면 듣기와 말하기를 함께 배울 수 있습니다. 끝까지 읽으면 듣기, 경청, 질문, 요약, 말하기가 서로 연결되어 커뮤니케이션을 전반적으로 아우를 수 있게 될 것입니다.

학생부터 사회인까지, 이 책을 읽은 모든 사람이 듣기와 말하기로 대표되는 '커뮤니케이션 능력'이 향상되어 주변 사람들에게 다음과 같은 말을 들을 수 있길 바랍니다.

"○○ 씨, 변했네? 소통이 아주 잘돼."

야마모토 아키오

목차

제1장 나는 지금 어떻게 듣고 있나

제2장 말하는 사람의 입장이 되어 듣는 기술

제1장

나는 지금
어떻게 듣고 있나

'듣기'는 간단해 보이지만 사실은 놀랍도록 어려운 일입니다. 나는 잘 듣고 있다고 생각했는데 상대방은 그렇게 여기지 않을 가능성이 크기 때문이죠. 1장에서는 올바른 듣기란 무엇인지 생각해 봅니다.

진정한 '듣기'란 대체 무엇일까?

커뮤니케이션 능력을 향상시키기 위해 말하는 기술(대화, 설명, 프레젠테이션 등)을 배우는 사람이 무척 많습니다.

그런데 알고 있나요? 말하는 기술을 배운 보통 사람들보다 한 수 위의 커뮤니케이션 능력을 갖춘 사람들은 사실 듣는 기술을 함께 배워 커뮤니케이션의 토대부터 굳건히 한 다음 말하는 기술을 발휘합니다.

한편 '듣지 않으면 말할 수 없다.'라는 말도 있습니다. 우리는 혹시 듣는 일을 가볍게 여기고 있는 건 아닐까요?

● 듣기와 말하기는 대등한 관계

듣기와 말하기를 서로 주종 관계쯤으로 생각하는 사람이 적지 않습니다. 말하기가 주인, 듣기는 말하기에 딸린 종. 당신은 어떠합니까? 아무래도 말하는 장면이 더 선명히 머릿속에 남아 있기에 커뮤니케이션 하면 말하기를 중심으로 보기 마련입니다.

그렇지만 듣기와 말하기는 주종 관계가 아니라 서로 대등한 관계입니다.

● 두 기둥의 굵기가 맞아야 집이 튼튼하다

듣기와 말하기는 커뮤니케이션에서 두 개의 기둥이나 수레의 양쪽 바퀴에 빗댈 수 있습니다. 두 기둥이 함께 지탱하지 않으면 무너지고, 바퀴 한쪽이 작으면 부드럽게 굴러갈 수 없습니다.

보통 듣는 기둥이 말하는 기둥보다 무척 가느다란 것이 현실입니다. 하지만 이 책을 통해 듣는 기술의 기초부터 실전까지 배운다면 듣는 능력이 생겨 커뮤니케이션의 질이 확연히 달라질 것입니다.

화려한 말하는 기술에 눈길이 가기 쉽지만, 사실 말하기와 듣기는 대등한 관계에 있습니다. 듣는 사람이 없다면 말하는 사람 또한 존재의 의미가 없습니다.

● 듣기와 말하기는 캐치볼과 같다

캐치볼은 공을 받는 사람이 있어야 가능합니다. 공을 받아 주는 사람 없이 혼자서 벽에 대고 아무리 공을 멋지게 던져도 "나이스 볼!"이라고 외쳐 주는 사람은 없습니다. 즉, 캐치볼은 두 사람이 서로 공을 주고받아야 합니다.

대화도 캐치볼과 마찬가지입니다. 듣는 사람(공을 받는 사람)과 말하는 사람(공을 던지는 사람)이 함께 대화해야 커뮤니케이션이 성립합니다. 특히 듣는 사람의 듣는 기술에 따라 커뮤니케이션의 질과 상호 만족도가 결정됩니다.

하지만 잘 듣는 사람이 적은 것이 현실이며 대다수의 사람들은 스스로 '제대로 듣지 않는 사람'이라는 자각조차 하지 못합니다. 듣는 기술보다 말하는 기술의 향상에 집중한 나머지 '듣기'의 존재가 옅어지고 만 것입니다.

즐거운 캐치볼처럼 커뮤니케이션도 듣기와 말하기의 균형을 의식하는 것이 중요합니다.

● 듣기와 말하기, 어떻게 균형을 잡을까

회의나 토론을 할 때는 말하는 시간을 짧게 가져가는 편이 좋습니다. 말이 길어지면 '저 사람은 다른 사람 말을 듣질 않는군.'이라는 인상을 주기 때문입니다.

그렇다면 듣기와 말하기를 절반씩 하면 될까요? 사실 그렇지 않습니다. 스스로는 듣기와 말하기에 시간을 절반씩 잘 나누었다고 생각해도 실제와 감각의 오차는 생각보다 크기 때문입니다.

각종 연수에서 시간을 정해 대화한 평균 시간을 살펴보면, 말하는 사람은 정해진 시간보다 15%나 더 길게 이야기하는 경향이 있습니다. 따라서 회의나 토론에서는 '이 정도면 되려나' 싶은 시간보다 20% 더 줄여서 이야기해야 합니다. 그래야 이야기가 장황한 사람, 혼자서 계속 말하는 사람이라는 인상을 주지 않습니다.

듣기의 세 가지 의미

평소에는 의식하지 않고 쓰지만, 일본인들은 '듣다'의 의미를 머릿속에서 구분해 사용합니다. 커뮤니케이션의 기둥 중 하나인 '듣다'를 더 정확히 이해하기 위해 '듣다'의 세 가지 의미를 알아봅시다.

● **같은 '듣다'라도 뜻이 다르다**

일본어의 '듣다'에는 세 가지 의미가 있습니다. '들리다, 듣다'의 듣다(聞く), '귀를 기울이다'의 경청하다(聴く), '묻다, 캐묻다'의 질문하다(訊く)가 그것입니다. 예문을 보면 이해와 구분이 더 쉬울 것입니다.

듣다(聞く)는 "이야기는 들었습니다." 혹은 "예정된 일이 뭔지를 들었는데요."와 같이 사용합니다.

경청하다(聴く)는 "귀 기울여 경청하고 있습니다.", "B 씨는 남의 이야기를 경청하지 않는다니까?"와 같이 쓰입니다.

마지막 질문하다(訊く)는 "선생님, 질문해도 되나요?" 혹은 "저 사람한테 길을 물어보자."와 같이 쓰입니다.

그냥 아무 생각 없이 듣는 것은 의미가 없습니다. 상호 이해와 원활한 커뮤니케이션을 위해서는 이 세 가지 '듣다'의 의미를 이해하는 것이 중요합니다.

특히 세 번째 '묻다'의 경우 물을 신(訊)을 쓰는데, 일본에서는 상용한자로 지정되어 있지 않아 자주 쓰이지는 않으며 '듣다'의 의미 구분을 위해 사용됩니다(우리나라에서는 '캐내어 묻다'라는 뜻의 신문(訊問)에 사용되는 한자다. -옮긴이).

신문이나 인터넷 등에서 '듣다'라는 뜻으로 흔히 사용하는 글자는 들을 문(聞)입니다. 최근에는 귀를 기울인다는 의미의 들을 청(聴)을 사용하는 빈도도 높아졌습니다. 물을 신(訊)의 경우 가끔 발견되는 수준이지만 입말로는 자주 쓰이고 있습니다. 이렇게 다양한 한자를 이용해 '듣다'라는 말을 다양한 의미로 사용합니다.

이 세 가지 '듣다'를 영어로 풀면 각 단어의 발음과 의미가 서로 달라 더 이해하기 쉽습니다.

- 듣다(들리다, 듣다): hear
- 경청하다(귀를 기울이다): listen
- 질문하다(묻다, 캐묻다): ask

이 세 가지 '듣다'를 꼭 기억해 둡시다. 참고로 이 책에서는 세 가지 '듣다'를 아우르는 듣기, 그리고 hear의 의미를 지닌 듣기는 모두 '듣다'로 씁니다. 다만 listen의 의미가 강하면 '경청하다'로, ask의 의미가 강하면 '질문하다'로 표기합니다.

'듣다'의 세 가지 의미를 영어로 확인하기

경청하다
listen

듣다
hear

질문하다
ask

이 책에서는 '듣다'라는 행위를 '듣다', '경청하다', '질문하다'의 세 종류로 나누어 해설합니다.

듣는 기술의 다섯 가지 포인트

우선 듣는 기술의 다섯 가지 포인트(요소)부터 확인해 봅시다. 가장 기초가 되는 포인트는 ① 상대방의 입장이 되어 듣는 마음가짐입니다. 그리고 듣는 기술의 기둥이 되는 ② 듣는 기술의 기초(첫인상과 태도), ③ 귀를 기울이는 기술(경청), ④ 더 깊은 이해를 위한 질문하는 기술(질문), ⑤ 듣기와 말하기를 연결하는 질문하는 기술(확인 · 요약)이 있습니다. 전체 내용을 이해하는 동시에 어떤 요소를 더 강화하면 좋을지 생각해 봅시다.

① 상대방의 입장이 되어 듣는 마음가짐(토대)

우리는 다른 사람의 이야기를 들을 때 곧바로 반론에 나서거나 질문을 던지는 경향이 있습니다. 그러면 말하는 사람은 소통에 어려움을 겪게 됩니다. 이를 방지하기 위해서는 내 생각에 집중하는 대신 상대방의 입장이 되어 듣는 마음가짐을 갖는 게 중요합니다.

하지만 실제 커뮤니케이션 상황에서는 상대방의 이야기를 흘려들으며 내 주장만 떠올리고 내가 말할 기회만 엿보면서 자기중심적으로 생각하기 쉽습니다.

말하는 사람의 허점이나 결점을 찾는다고 해도 해결되는 것은 없습니다. 듣는 기술을 습득하는 데 어려움을 겪는다면 상대방의 입장이 되어 듣는 마음가짐을 상기해야 합니다. 자신의 듣는 방식을 되돌아보고, 상대방이 이야기하기 쉬운 환경을 만들어 주는 여유를 가져야 합니다. 그러면 상대방은 당신의 질문이나 의견에 친절하고 자세하게 대답할 것입니다.

상대방의 입장이 되어 듣는 마음가짐이 갖춰져 있는지 여부가 커뮤니케이션의 질을 결정합니다. 또한 듣는 기술뿐만 아니라 말하는 기술을 키우는 데도 효과적이기 때문에 좋은 인간관계 구축에도 도움이 됩니다. 이러한 마음가짐은 의식적으로 노력하기만 하면 갖출 수 있습니다.

　나머지 네 가지 포인트(②~⑤)는 2장 이후부터 하나하나 상세히 설명할 예정이므로 개요만 간단히 짚겠습니다. 스스로 개선해야 할 부분을 발견할 수 있을 것입니다.

듣는 기술은 다섯 가지 포인트의 종합적 능력이다

⑤ 듣기와 말하기를 연결하는
질문하는 기술(확인 · 요약)

④ 더 깊은 이해를 위한 질문하는 기술(질문)

③ 귀를 기울이는 기술(경청)

② 듣는 기술의 기초(첫인상과 태도)

① 상대방의 입장이 되어
듣는 마음가짐(토대)

상대방의 입장이 되어 듣는 마음가짐에서 중요한 것은 세 가지입니다. 첫째, 정말로 상대방의 입장이 되어 듣기(상대방의 이야기를 경청하기). 둘째, 상대방의 부족함이나 결점에 집중하지 말고 긍정적으로 듣기. 셋째, 상대방을 존중하면서 듣기. 마음가짐은 의식적인 노력으로 바꿀 수 있습니다.

② 듣는 기술의 기초(첫인상과 태도)

듣는 기술의 기초는 바로 커뮤니케이션을 시작할 때의 첫인상입니다. 처음 만나는 사람에게, 회의실에 앉아 있는 상대방에게 보여 주는 내 첫인상을 말합니다. 이때의 첫인상은 이후 커뮤니케이션에 크나큰 영향을 미칩니다. 대화 내용을 떠나서 첫인상이나 태도 때문에 '불쾌한 사람'으로 찍히지 않도록 해야 합니다.

③ 귀를 기울이는 기술(경청)

경청은 커뮤니케이션을 개선할 수 있는 요소 중 하나입니다. 대화나 회의를 할 때 서로가 말하려고만 하면 자기주장 대회밖에 되지 않으며 좋은 소통을 할 수 없습니다.

당신의 주변 사람들은 어떠합니까? 그리고 당신은 다른 사람의 말에 귀를 기울이는 편입니까?

④ 더 깊은 이해를 위한 질문하는 기술(질문)

우리는 "그 건은 선배에게 물어봐야겠다.", "방금 설명하신 내용을 잘 이해하지 못해서요, 좀 여쭤봐도 되나요?"와 같이 질문합니다. 질문하는 기술은 자신의 이해도를 높이기 위해서도 중요합니다.

⑤ 듣기와 말하기를 연결하는 질문하는 기술(확인 · 요약)

"내가 말했잖아." "너 말하지 않았어."

"나는 듣긴 했어." "나는 못 들었다고."

"나는 이렇게 말했어." "나는 저렇게 이해했는데?"

회의 후에 이런 의견 차이가 발생하는 경우는 흔합니다. 따라서 말하는 사람이 말한 내용을 듣는 사람이 요약하고 확인하는 습관을 들이면 "그런 이야기는 들은 적 없는데?", "헉, 그게 더 중요한 일이었어?"라는 식의 착오가 줄어들 것입니다.

⑤ 듣기와 말하기를 연결하는 질문하는 기술 (확인·요약)

④ 더 깊은 이해를 위한 질문하는 기술(질문)

③ 귀를 기울이는 기술(경청)

② 듣는 기술의 기초 (첫인상과 태도)

① 상대방의 입장이 되어 듣는 마음가짐(토대)

이 다섯 가지 포인트를 차곡차곡 쌓아 보자고요!

꼭 순서대로 읽을 필요는 없으며 자신이 약하다고 느끼는 포인트가 있는 장부터 읽어도 좋습니다.

소통의 질을 높이는 상호 전달과 이해

우리는 대부분 말할 때는 나를 이해해 줬으면, 내 말을 알아줬으면 하는 마음에 자신의 의견을 강하게 주장하는 경향이 있습니다. 반면 들을 때는 태도를 수동적으로 바꾸어 상대방의 말을 흘려듣거나 듣는 척하면서 딴생각을 하곤 합니다.

조금 극단적으로 표현하기는 했지만, 핵심은 다음과 같습니다. 우리는 자신이 들을 때는 듣는 사람의 입장에서, 말할 때는 말하는 사람의 입장에서 생각합니다.

이렇게 되지 않기 위해서는 말할 때나 들을 때나 잘 전달하고자 하는 마음가짐과 잘 이해하고자 하는 마음가짐을 동시에 갖춰야 합니다. 그러면 상호 간의 이해가 깊어지며, 이것은 1-3에서 설명한 '상대방의 입장이 되어 듣는 마음가짐'과도 일맥상통하는 내용입니다.

자기주장도 때로는 필요하지만 도가 지나치면 폐해가 생기기 마련입니다. 예를 들어 "A 씨는 너무 자기 의견을 밀어붙여서 이야기가 진행이 안 돼."라든지 "F 씨는 똑같은 말을 계속하네." 등의 말이 나오기 시작하면 상호 간의 이해도는 깊어지기 어렵습니다.

커뮤니케이션은 말하기와 듣기를 서로 교환하는 행위, 다시 말해 소통입니다. 이 소통을 원활히 하는 것이 무엇보다 중요합니다. 이를 위해서는 잘 전달하고 이해하고자 서로 노력해야 합니다.

말할 때는 듣는 사람이 이해하기 쉽게 전달하고, 들을 때는 말하는 사람에게 공감하면서 들으면 양질의 소통을 할 수 있습니다. 이것은 말하는 사람과 듣는 사람 모두가 서로의 입장이 되어 생각하지 않으면 이루어지지 않습니다. 가령, 각자 주장을 펼치기만 한다면 당신은 어떻게 하겠습니까?

양쪽이 자기주장만 펼친다면 주변인은 '둘 다 주장이 너무 세서 안 되겠네.'라고 생각할 것입니다. 제3자에게 "이제 그만들 하세요."라는 말을 듣는다면, 당신의 인성에 대한 평가 또한 안 좋아질 것이 뻔합니다.

막상 상황이 닥치면 자기주장을 하게 되지만, 조금 참아 봅시다. 인내하면서 격양된 마음을 누르고, 목소리를 낮추고, 천천히 맞장구만 쳐 보는 겁니다. 계속해서 차분히, 천천히 대화하려고 하면 상대방도 격양된 마음을 진정시키게 됩니다.

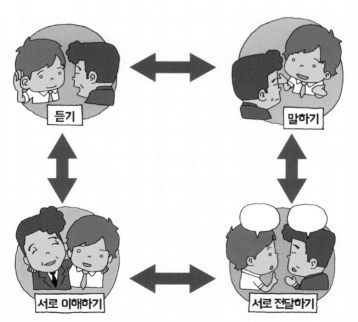

서로 노력해야 소통이 가능하다

듣기

말하기

서로 이해하기

서로 전달하기

언제나 '커뮤니케이션의 수레바퀴'를 의식해야 합니다.

듣는 기술을 수법으로 여기면 낭패를 보는 이유

우리는 무엇인가를 배울 때 흔히 더 좋은 수법은 없을까, 효과적인 방법은 없을까 하는 생각을 합니다. 하지만 듣기에 한해서는 수법에 얽매이지 말고 마음가짐 그 자체를 바꾼다고 생각하는 편이 좋습니다. 물론 기본과 수법 그리고 기술은 배워야 하지만, 이행할 때의 마음가짐 하나만으로 상대방이 받는 느낌과 상호 이해도가 크게 달라지기 때문입니다.

● 기껏 배웠는데 주변 반응이 시원찮다?

간혹 커뮤니케이션 스타일이 급격하게 바뀐 사람을 접하게 됩니다. 카운슬링이나 코칭 기술을 전문적으로 배우긴 했는데, 마음가짐보다 배운 기술을 내세우는 경우입니다. 이들은 이런 식으로 화젯거리가 됩니다.

"Y 씨 말이야, 최근에 갑자기 바뀌지 않았어? 무슨 일이지? 뭔가 '우리한테 기술을 시험해 보고 있다'라는 느낌이 들어."

'선무당이 사람 잡는다'라는 속담이 있듯, 기껏 배운 내용을 날려버리는 일도 있으니 주의해야 합니다.

● 진심으로 실천하면 주변에서 알아준다

한편 시간이 흐른 후에 주위에서 변화를 알아차리는 경우도 있습니다.

"그러고 보면, M 씨가 요즘 좀 변한 것 같아요. 뭔가 계기라도 있었을까요?"

M 씨는 원래 잘 듣는 사람이 아니었는데, 듣는 기술을 배운 후 평소에 조금씩 실천했습니다. 나는 나중에 M 씨가 듣는 기술을 배웠다는 것을 듣고 '역시 그랬구나'라고 생각한 적이 있습니다.

M 씨는 무엇을 배우고 어떤 수법을 사용하면 좋을지를 생각하기보다

는 내 결점은 무엇인가, 왜 의도치 않은 반응이 돌아오는 걸까를 고민해 개선했다고 합니다. 기술이 아닌 진심이 우선이었기에 커뮤니케이션 스타일이 자연스럽게 바뀌면서 주변에서도 이질감 없이 받아들일 수 있었습니다.

가장 중요한 것은 본질이다

배운 기술을 써 보고 싶은 마음은 이해하지만 이것이 자연스럽지 못하면 역효과가 날 수 있습니다. 동료들과의 연습도 필요하지만, 아무 때나 실천(실험)해 보는 것은 삼가야 합니다.

나 자신을 알아야 개선이 가능하다

자신의 현재 상태를 다양한 측면에서 알아봅시다. 2장의 내용을 익힌 다음의 내 상태와 현재 상태를 비교해 보기 위해서라도 지금의 경험과 인식을 창피해하지 말고 되돌아보도록 합니다.

● 깨닫지 못했던 나에 대한 반성

대학을 졸업한 지 10년 정도 지난 후, 동창회에서 만난 한 친구가 제게 건넨 말입니다.

"야마모토는 말하고자 하는 바가 확실하고 시끄러운 타입이었는데 꽤 바뀌었네. 나이가 들어서 그런가?"

순간 '무슨 말이지?'라는 생각이 들었습니다. 그런데 돌이켜 보니, 사회생활을 하기 전의 과거가 떠올랐습니다. 그때는 내 의견을 똑바로 말하고 다른 사람의 이야기가 이해 가지 않을 때는 납득할 수 있을 때까지 질문하는 게 당연하다고 생각했습니다.

아마 그 친구 말의 요지는 "학창시절의 야마모토는 자기주장이 무척 강했는데…."가 아니었을까요?

● 가만히 듣고 있을 수만은 없지!

사회생활 2년 차에 다른 부서 선배가 불합리한 이야기를 꺼내 말다툼을 한 적이 있습니다. 이 시기의 나를 돌이켜 보면 내 주장과 의견을 표현하는 것이 당연하다 생각했습니다. 물론 그렇다고 상대방의 이야기를 아예 듣지 않으려고 들지는 않았지만 '듣는 기술'의 'ㄷ'자도 공부하지 않은 상태여서 경주마처럼 질주하기만 했습니다.

3년, 5년, 사회생활을 계속하면서 인간관계에서 어려움을 겪게 되었고,

어떤 상황에서든 잘 들어야 한다

사회생활을 하다 보면 불합리한 일이 많이 생깁니다. 특히 젊은 사원들은 '말도 안 돼'라는 생각을 많이 할 것입니다. 그렇지만 그런 상황에서도 듣는 기술을 발휘해 상대방의 이야기를 경청하면 불필요한 언쟁을 피할 수 있습니다.

바른말이 통하지 않는 일도 있다는 것을 깨닫게 되었습니다. 물론 신입사원 때 연수도 받았지만 당시에 '듣기'에 대한 내용은 없었습니다.

● **나는 어떻게 '듣는 기술'을 개선했는가**

그러다가 30살이 넘어서 주식회사 대화법연구소의 커뮤니케이션 강좌를 자비로 수강하기로 마음먹었습니다. 일방적인 말하기 방식이 아닌 대화, 듣기, 스피치, 설명, 프레젠테이션, 협상 등의 커뮤니케이션 기술을 3년간 배웠습니다. 그 후 강사 시험에 합격한 후 각종 연수를 담당하며 연간 최대 3,000명의 수강생에게 듣는 기술을 전파했습니다.

이 경험을 통해 저는 커뮤니케이션의 벽에 부딪혔을 때는 우선 '듣는 기술'을 제고하면 듣는 능력뿐 아니라 커뮤니케이션을 바라보는 눈이 달라지면서 인간관계가 좋아지고 설명, 프레젠테이션, 협상 등의 능력이 향상된다는 것을 느꼈습니다. 전국 각지에서 비슷한 강의가 열리고 있으니 한 번쯤 수강해 보는 것도 좋겠습니다.

● **듣기 수업 같은 건 없었다?**

우리는 어렸을 때부터 수학, 국어, 영어 등을 배우지만 적어도 저는 듣기와 관련된 수업을 들은 기억이 없습니다. 당연히 듣는 기술과 관련된 교과서 또한 없었고요. 세대에 따라 다를지도 모르지만, 듣는 기술은 학교 교육보다는 가정 교육을 통해 배우는 것으로 인식되어 왔습니다. 학교에서는 이야기를 들을 때 조용히 앉아만 있으면 된다고 생각했을지도 모릅니다.

호기심이 생겨 찾아보았습니다. 제2차 세계대전 직후인 일본 초등학교 학습 지도 요령(1951년판)의 '제1장 국어과'의 목표 중 하나로 '상대방의 입장을 존중하고 예의를 갖추어 항상 상대방이 이야기하기 쉬운 태도로 들을 수 있습니다.'가 있습니다. 1990년대의 초등학교 학습 지도 요령(1998년판)에는 여기에 더해 '서로 전달하는' 능력을 키우기 위한 목표도 적혀 있습니다.

듣는 기술을 제대로 배운 사람은 전국에 몇 안 될 것입니다. 오히려 그렇기에 듣는 기술을 익혀서 내것으로 만들면 두각을 드러낼 수 있습니다.

일단 옛날이야기는 차치하고, 스스로 '듣는 기둥'을 세우기 위해 적극적으로 노력하는 자세가 가장 중요합니다. 말하기의 범주에 들어가는 대화, 설명, 프레젠테이션, 협상 등도 마찬가지로 듣는 기술을 배워야 향상시킬 수 있습니다.

● 우리는 스스로의 모순을 인식하지 못한다!

A 씨는 자신이 말하는 사람일 때 "W 씨는 다른 사람의 말을 안 들어." 라고 불만을 토로합니다. 하지만 정작 자신이 듣는 사람일 때는 Y 씨가 "A 씨, 제 말 좀 들어 주세요!"라고 지적해도 "어, 듣고 있어."라고 아무렇지 않게 대답합니다. 이처럼 듣는 입장이 되었을 때, 이야기를 흘려듣거나 딴생각을 하면서 듣지 않고 있는 건 아닌지 스스로를 돌아봐야 합니다.

● 듣기와 말하기에는 인식 차이가 존재한다

사실 진행이 수월한 말하기 연수에 비해 듣기 연수는 꽤 까다롭습니다. 말하기 연수에서는 엄하게 지적해도 개선하려는 의지가 보이지만, 듣기의 경우는 '그런 건 나랑은 상관없어'라는 방관적인 태도를 보이거나 '나 정도면 괜찮지'라는 자기 객관화가 안 되는 모습을 드러냅니다. 원인은 수강자들의 인식 차이에 있습니다. 제가 경험한 바로는 안타깝게도 나이가 많거나 직책이 높은 사람일수록 듣기에 대한 인식 부족 경향이 강하게 나타납니다.

● 타인의 듣는 기술은 평가하기 어렵다

듣기 연수에서는 서로의 듣는 태도에 대해 이야기를 나누는데, 상대방의 지적에 대한 흔한 반응은 다음과 같습니다. "지적할 정도까지는… 아니네요." 혹은 "상대방이 반발해서 당황했던 기억이 있기는 하지만…."

이렇게 되면 '다른 사람의 결점을 이야기하는 것이 어렵고, 상대방에게 지적당하면 기분이 나쁘다 → 주변 사람들이 단점을 말하기 어렵다 → 지적당한 경험이 없어서 본인은 문제의식이 없다 → 모르니 배우려고

하지 않는다'의 악순환이 생깁니다.

　　종종 1박 2일의 합숙 연수도 진행하는데, 저녁에 술이 한두 잔 들어가면 참가자들의 속 이야기를 듣게 됩니다.

"듣는 걸 가볍게 생각했어요."

"솔직히 알고는 있었는데 지적은 하지 못했죠."

"누가 말해 주지 않으면 저한테도 남에게도 모두 손해네요."

상대방의 이야기 듣기를 경시하는 사람이 많다

> 듣는 기술이라니…
> 그냥 남이 하는 얘기를
> 들으면 되는 거잖아?
>
> 그런 건 생활하다 보면
> 저절로 익혀지는 건데 뭐!

> 흐음… 이 분의
> 듣는 태도를
> 바람직하다고 여기는
> 사람은 없을 거예요.

> 아무도 지적해
> 주지 않아서
> 여기까지 왔겠죠.
> 안타깝네요. ♪

모든 일에는 수(守)(기초를 쌓는 단계), 파(破)(기초를 바탕으로 틀을 깨고 응용하는 단계), 리(離)(기초에서 벗어나 자신만의 것을 만드는 단계)가 존재합니다('수파리'는 본래 불교 용어로 수행의 단계를 정리한 단어다. ─옮긴이). 그런데 기본도 없이 자신의 방식만을 고수한다면 그것은 '형태조차 갖춰지지 않은' 기술일 뿐입니다.

● 자신의 커뮤니케이션 수준을 스스로 평가하기

본격적인 내용에 들어가기에 앞서 스스로의 듣기와 말하기 상태부터 파악해 봅시다. 우선 자기 평가를 해 봐야 하는데, 자기 자신의 상태를 파악할 수 있다면 앞으로의 내용도 더 이해하기 쉬울 것입니다.

커뮤니케이션 강좌에서도 참가자에게 자가 진단을 하도록 합니다. 대부분 말하기 부분은 빠르게 체크하는 반면, 듣기 부분에서는 '흐음' 하고 고심하는 경우가 많습니다. 사실, 자신의 듣는 기술이 뛰어난지 아닌지 생각해 본 적조차 없을지도 모릅니다.

스스로를 판단하고 평가하는 것을 주저하는 사람도 많고, "나는 이런 식으로 생각해 본 적이 없어서요.", "아내한테 지적받은 적이 있기는 한데요…"라고 이야기하며 자가 진단을 하는 사람도 있었습니다. 참고로 여성보다 남성이 더 주저하는 경향이 있습니다.

● 간단하게 자기 파악하기

다음 33쪽의 '자가 진단 예시' 박스를 보면, 듣기 현황과 말하기 현황에 각 ①~⑤번 항목이 있습니다. 이 중 당신의 현황을 가장 잘 표현한 선택지에 체크(∨) 표시를 합니다. 평소에 가정이나 직장에서 다른 사람의 이야기를 특히 잘 들을 필요가 있는 사람과 그렇지 않은 사람에 따라 받아들이는 정도가 다를 수 있지만, 자신이 생활하는 환경을 기준으로 체크해 봅니다. 참고로 듣기의 경우, 20년 전과는 달리 근래에는 듣기에 대한 인식이 바뀌어서 항목 ③, ④, ⑤에 체크하는 사람이 늘고 있습니다.

그 다음, 아래의 '커뮤니케이션 현황 자가 진단'에 자신이 체크한 결과를 동그라미(○)로 표시합니다. 동그라미가 오른쪽 위에 위치할수록 듣기와 말하기에 대한 의식 수준이 높다고 볼 수 있습니다. 이것으로 자신의 듣기, 말하기 현황을 바로 파악할 수 있습니다. '말하기는 잘되는 편인데, 듣기는 조금 부족하네.'라는 결과가 나오지는 않았습니까? 이에 대한 자세한 분석은 각 장에서 진행하도록 하겠습니다.

듣기 현황

① 듣기에 대한 인식이 낮은 편이다   (   )
② 보통 수준으로 듣고 있다   (∨)
③ 듣기와 관련된 책을 사거나 연수를 받았다   (   )
④ 듣는 기술을 갈고닦는 방법을 모색 중이다   (   )
⑤ 듣기의 중요성을 알고, 잘 듣기 위해 노력하고 있다   (   )

말하기 현황

① 말하는 것이 어렵다   (   )
② 일상 대화는 어렵지 않다   (   )
③ 회의에서 발언할 수 있다   (∨)
④ 몇몇 사람들 앞에서 조리 있게 이야기할 수 있다   (   )
⑤ 많은 사람 앞에서 자신 있게 프레젠테이션 등을 할 수 있다   (   )

커뮤니케이션 현황 자가 진단

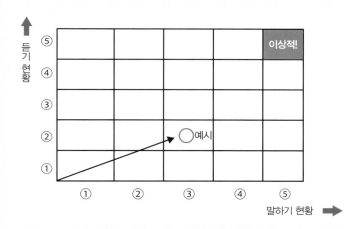

예시는 듣기 현황에 ②, 말하기 현황에 ③을 체크했을 때 표시하는 법입니다.

● 듣고 있는 자세가 전부는 아니다

한 기업 연수에서 연수를 받는 내내 고개를 들고 강사인 저를 쳐다보면서 이야기를 듣던 사람이 있었습니다. 처음에는 열심히 듣고 있다고 생각했는데, 책상에 놓인 자료는 보지 않고 저만 뚫어져라 쳐다봐서 점점 이질감을 느꼈던 기억이 있습니다.

그리고 연수가 끝난 후, 그는 저에게 와서 "저는 연수를 들을 때는 듣는 자세를 신경 써야겠다고 생각해서 2년 전부터 노력하고 있습니다."라고 당당히 이야기하더군요.

뭐라고 대답해야 할지 잠시 고민하다가, 비행기 탑승 시간이 다가오던 참이라 간단히 조언해 주고 강의장을 떠났습니다. 이것이 '겉으로 보이는 듣는 자세가 중요하다'라는 것에만 집중한 사람과의 첫만남이었습니다.

● 듣는 척은 들킨다

연수에서 "스스로의 듣는 태도가 어떻다고 생각합니까?"라고 질문하면 "저는 잘 듣고 있다고 생각하는데, 상대방은 그렇지 않다네요."라고 대답하는 사람이 있습니다. 그런 사람들에게는 다음과 같은 이야기를 들려 줍니다.

> 아내: …여보, 내 말 듣고 있어?
> 남편: 듣고 있어.
> 아내: 진짜? 듣고 있는 거 맞아?
> 남편: 아까부터 잘 듣고 있다고.
> 아내: 그럼 지금 내가 뭐라고 했는지 다시 말해 봐!
> 남편: 뭐? 아… 그게….
> 아내: 이것 봐, 제대로 안 듣고 있잖아!

이 이야기 속 남편은 듣고 있지 않았다는 것을 알 수 있습니다. 맞장구를 친다고 해도 들은 이야기를 다시 이야기하지 못한다면 들었다고 할 수 없습니다.

말뿐인 맞장구, 듣는 척은 금방 들통나기 마련입니다.

무작정 맞장구를 쳐서는 안 된다

이처럼 건성으로 맞장구만 치는 것은 듣는다고 할 수 없습니다. '듣는 척'은 금방 들통날 뿐 아니라, 상대방에게도 나쁜 인상을 줍니다.

● 과연 이것이 커뮤니케이션인가?

전철 안에서 있었던 일입니다. 젊은 두 여성이 마주 보고 앉아 대화를 하고 있었습니다. 저는 통로 쪽에 앉아 책을 읽고 있었는데, 그들의 대화 내용이 귀에 들어왔습니다.

A: 얼마 전에 2박 3일로 중국에 다녀왔어. 처음 가서 그런지 깜짝 놀랄 만한 일이 엄청 많았다니까.

B: 아, 그래? 나 얼마 전에 가방 샀어. 있던 거는 하도 오래돼서.

A: 응응. 그래서 중국 가서 재밌었어.

B: 그렇구나. 그래서 며칠 전에 새로 산 가방을 들고 나갔더니 비가 오는 거 있지.

저는 깊은 고민에 빠졌지만, 이 두 사람은 '그래서'라는 말을 마치 '이번에는 내가 이야기할 차례야'라는 뜻으로 사용하듯 신나게(?) 대화를 이어나갔습니다. 그저 다른 곳에서는 제발 그렇게 대화하지 않기를 바랄 뿐입니다.

얼마 전에 골프 연습하러 갔는데 말이야,

다음 날 근육통으로 온몸이 아파서 죽는 줄 알았어!

흐음~ 그랬구나.

아 참, 나 차 샀다!

음음.

그런데 공도 똑바로 안 날아가고,

모델 체인지 전이어서 꽤 싸게 샀지 뭐야.

팔도 자꾸 내려가고 해서 속상하더라고.

흐음…

이런 걸 대화라고

그래서 신차니까 옵션도 이것저것 넣었지 ♪

할 수는 없겠지요….

대화는 '캐치볼'입니다. 이런 대화는 캐치볼이 아니라 서로 자기 공을 집어 던지기만 하는 것과 같습니다. 말하기와 듣기는 수레의 양쪽 바퀴임을 잊지 말아야 합니다.

제1장 정리

1 '듣기'와 '말하기'는 커뮤니케이션의 두 기둥이자 수레의 양쪽 바퀴다. 무엇보다 캐치볼처럼 공을 주고받는 행위임을 기억하는 것이 중요하다.

2 듣는 기술에 따라 커뮤니케이션의 질과 상호 만족도가 달라진다.

3 들을 때는 시간이 길게 느껴지고, 말할 때는 내가 이야기할 시간이 아직 충분하다고 느끼는 법이다.

4 '듣다'라는 말에는 세 가지 의미가 있다.
　　① hear: 듣다 (들리다, 듣다)
　　② listen: 경청하다 (귀를 기울이다)
　　③ ask: 질문하다 (묻다, 캐묻다)

5 듣기에는 다섯 가지 포인트가 있다.
　　① 상대방의 입장이 되어 듣는 마음가짐(토대)
　　② 듣는 기술의 기초(첫인상과 태도)
　　③ 귀를 기울이는 기술(경청)
　　④ 더 깊은 이해를 위한 질문하는 기술(질문)
　　⑤ 듣기와 말하기를 연결하는 질문하는 기술(확인 · 요약)

6 듣기를 수법으로 인식하지 말고 마음가짐을 바꾸려고 노력해야 한다.

7 듣는 척은 말하는 사람에게 들키기 마련이다.

제2장

말하는 사람의
입장이 되어 듣는 기술

스스로 '나는 남의 이야기를 잘 듣지 않는 것 같아'라고 생각해도
괜찮습니다. 누구나 '이 사람, 남의 이야기를 잘 들어 주네'라는
평가를 받을 수 있는 기본기가 있기 때문입니다. 이번 장에서는
듣는 기술을 습득했을 때의 이점에 대해서도 설명합니다.

나의 듣는 수준은 어떠한가

1장에서 다룬 듣기를 위한 다섯 가지 포인트의 두 번째 항목인 듣는 기술의 기초에 대한 자기 평가를 해 봅니다.

● **자신의 듣는 수준은 좀처럼 파악하기 쉽지 않다**

말하기의 경우, 녹화나 녹음을 해서 들어 보면 어느 정도 자신의 수준을 파악할 수 있습니다. 발표 등을 통해 자연스럽게 말하기 실력에 대한 평가를 받기도 합니다.

그런데 듣기를 평가하는 경우는 많지 않고, 자신이 듣고 있는 모습을 녹화하거나 녹음하기도 쉽지 않아서 스스로의 듣기 수준을 파악하기 힘듭니다. 따라서 스스로의 평가와 타인의 평가가 엇갈리기도 쉽습니다.

동료나 상사가 "조금 더 화법에 대해 공부하는 편이 좋지 않을까?"라고 말하면 "죄송해요. 조금 부족하지요? 그런데 좀처럼 좋아지지 않네요."라고 대답하는 사람이 많을 것입니다. 그러나 듣는 태도에 대해 지적을 받으면 "아, 그런가요?" 하고 납득이 가지 않는 듯한 반응을 하는 사람이 많습니다. 이처럼 듣기는 스스로 파악하기 어려우며 주변에서 지적하기도 난감하다는 특징이 있습니다.

● **성장하려면 상처받아야 한다**

우선 자신의 듣는 상태를 파악하는 것부터 시작합시다. 그런데 이를 스스로 파악하기 힘들다는 것이 이 일의 까다로운 점입니다. 따라서 친구나 가족에게 "내 듣는 태도는 어때? 좋은 편이야 나쁜 편이야?"하고 물어봐야 합니다. 생각보다 좋지 않은 반응에 기분이 나빠질지도 모르지만 친구나 가족이니 이해하도록 합시다. 상사나 선배, 동료에게 지적당하거나 혼나는 것에 비하면 작은 상처로 끝날 수 있으니 말입니다.

듣는 기술은 다섯 가지 포인트의 종합적 능력이다

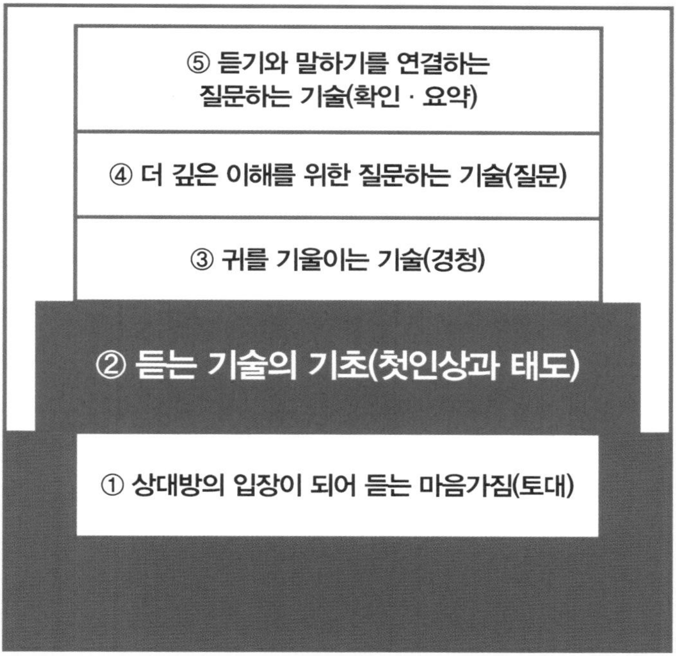

⑤ 듣기와 말하기를 연결하는
질문하는 기술(확인 · 요약)

④ 더 깊은 이해를 위한 질문하는 기술(질문)

③ 귀를 기울이는 기술(경청)

② 듣는 기술의 기초(첫인상과 태도)

① 상대방의 입장이 되어 듣는 마음가짐(토대)

내가 어떻게 듣고 있는지 정확히 파악하는 것이 중요합니다.

나의 듣는 태도를 객관적으로 진단하기

이번에는 스스로의 듣는 태도가 어느 수준인지 파악할 차례입니다.

(1) 우선 5, 4, 3, 2, 1의 5단계를 확인한 후, 다음 쪽의 듣는 태도 진단 체크리스트의 각 항목에 자신이 해당한다고 생각하는 단계를 체크해 봅니다. 5단계의 기준은 다음과 같습니다.

5: 아주 잘하고 있다 (5점)

4: 잘하고 있다 (4점)

3: 어느 정도 하고 있다 (3점)

2: 조금 부족하다 (2점)

1: 못하고 있다 (1점)

예를 들어 하나의 항목에서 5에 체크하면 5점이 됩니다. 이런 식으로 열 가지 항목에 모두 점수를 매겨 보자.

(2) 열 가지 항목에 점수를 모두 매겼으면 세로 방향으로 점수를 합산한 후 '소계' 칸에 옮겨 적습니다.

(3) 마지막으로 소계 결과를 모두 합한 점수를 '합계' 칸에 기입합니다.

결과를 보니 어떻습니까?

자신의 강점과 부족한 점이 눈에 들어오나요?

부족하다고 느끼는 부분을 의식하면서 듣는 태도를 바꿔 나가 봅시다.

'듣는 태도' 자가 진단 체크리스트

1	상대방의 이야기를 차분히 듣는 편이다.	5	4	3	2	1
2	말하는 사람의 눈을 바라보며 듣는 편이다.	5	4	3	2	1
3	이야기를 들을 때 건방진 태도로 듣지 않는다.	5	4	3	2	1
4	이야기를 들을 때 부정적인 표정이나 몸짓을 하지 않는다.	5	4	3	2	1
5	"다른 사람 말을 잘 안 듣네."라는 말을 들은 적이 없다.	5	4	3	2	1
6	팔짱을 끼고 다른 사람의 이야기를 듣지 않는다.	5	4	3	2	1
7	대화할 때 내가 이야기하는 시간이 전체 대화 시간의 절반을 넘기지 않는 편이다.	5	4	3	2	1
8	상대방이 이야기할 때 다른 물건을 만지작거리지 않는다.	5	4	3	2	1
9	상대방의 이야기에 "네, 네, 네" 하고 반복적으로 대답하지 않는다.	5	4	3	2	1
10	상대방의 이야기에 "엥?"과 같은 부정적인 반응을 한 적이 없다.	5	4	3	2	1

소계 ☐ ☐ ☐ ☐ ☐

합계 ☐

5: 아주 잘하고 있다 (5점)   4: 잘하고 있다 (4점)   3: 어느 정도 하고 있다 (3점)
2: 조금 부족하다 (2점)   1: 못하고 있다 (1점)

● 자가 진단 결과를 제대로 내리려면

'3: 어느 정도 하고 있다'라고 대답한 항목이 몇 개입니까?

커뮤니케이션 연수나 세미나에서는 3에 체크하는 사람이 많은 편입니다. 그래서 연수에서는 그룹을 지어 그 안에서 체크리스트를 서로 교환해 의견을 나누게 합니다. 이야기가 끝날 때쯤에는 "스스로한테 너무 후하게 점수를 줬네요.", "다시 평가할게요."라고 말하는 사람이 속출합니다.

체크한 것을 확인한 후, 다시 체크해 봅시다. 이번에는 3에 체크하지 않고 5 · 4 · 2 · 1 중에서 고르는 겁니다. 그러면 자기 자신의 현 상태가 더 확실해지면서 내일부터 어떻게 행동하면 좋을지 느끼는 바가 생길 것입니다.

● 자신의 듣는 자세를 체크하기

남의 이야기를 들을 때 기분에 따라 자세가 바뀌거나 무의식적으로 안 좋은 자세를 보이는 사람이 많습니다.

기분에 따라 자세가 바뀌는 경우는 스스로도 자각할 수 있기에 감정을 그대로 내보이지 말고 심호흡을 하면서 대응할 수 있습니다. 내 기분대로 해도 될 때와 아닐 때를 인지하는 것이 중요합니다. 나중에 후회할 일을 만들지 말고 스스로 조절하는 것이 바람직합니다.

반면 무의식적으로 안 좋은 자세를 보이는 경우는 주변에서 지적하기도 어렵기에 스스로 자각하기 힘듭니다. 주머니에 손 넣기, 눈을 치켜뜨기, 다리 꼬기와 같은 건 당연히 좋은 자세가 아닙니다. 나쁜 자세에 어떤 것이 있는지 자가 진단에는 하나하나 적지 않았지만 그 종류는 무궁무진합니다. 한 번쯤 스스로를 되돌아봐야 합니다. 또한 상사나 선배, 후배의 듣는 자세를 체크해 보면 '반면교사'로 효과적입니다.

악의를 가지고 취하는 자세는 아니겠지만, 말하는 사람에게는 나쁜 인상을 줍니다.

듣는 태도에 대한 설문조사 결과

이 책의 집필에 앞서 SB크리에이티브가 운영하는 설문조사 서비스 사이트인 AQUTNET 리서치를 이용하여 인터넷으로 설문조사를 실시했습니다. 이 조사에서는 응답자 본인의 듣는 태도(2장), 경청하는 자세(3장), 질문 방법(4장), 확인 · 요약 방법(5장)에 대해 물었으며, 각 항목에 대해 '그렇다', '아니다', '잘 모르겠다' 중에서 고르는 방식으로 진행했습니다.

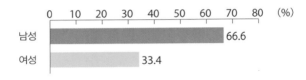

응답자의 성비

	(%)
남성	66.6
여성	33.4

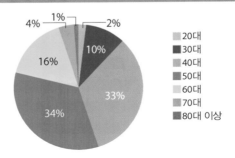

응답자의 연령

- 20대
- 30대
- 40대
- 50대
- 60대
- 70대
- 80대 이상

응답자의 거주지

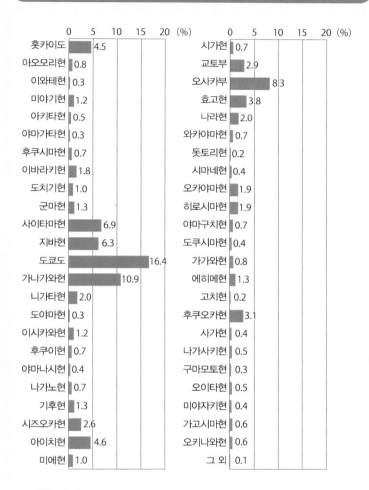

거주지	(%)		거주지	(%)
홋카이도	4.5		시가현	0.7
아오모리현	0.8		교토부	2.9
이와테현	0.3		오사카부	8.3
미야기현	1.2		효고현	3.8
아키타현	0.5		나라현	2.0
야마가타현	0.3		와카야마현	0.7
후쿠시마현	0.7		돗토리현	0.2
이바라키현	1.8		시마네현	0.4
도치기현	1.0		오카야마현	1.9
군마현	1.3		히로시마현	1.9
사이타마현	6.9		야마구치현	0.7
지바현	6.3		도쿠시마현	0.4
도쿄도	16.4		가가와현	0.8
가나가와현	10.9		에히메현	1.3
니가타현	2.0		고치현	0.2
도야마현	0.3		후쿠오카현	3.1
이시카와현	1.2		사가현	0.4
후쿠이현	0.7		나가사키현	0.5
야마나시현	0.4		구마모토현	0.3
나가노현	0.7		오이타현	0.5
기후현	1.3		미야자키현	0.4
시즈오카현	2.6		가고시마현	0.6
아이치현	4.6		오키나와현	0.6
미에현	1.0		그 외	0.1

○ 설문조사 개요

· 조사 방법: 설문조사 서비스 사이트 AQUTNET 리서치에서 인터넷 설문조사를 실시

· 조사 기간: 2016년 3월~4월

· 응답자 수: 1,083명(남성 721명 / 여성 362명)

듣는 태도에 대한 설문조사 결과는 다음과 같습니다.

①번 항목, '상대방의 이야기를 차분히 듣는 편인가?'에는 남성과 여성 모두 60% 이상이 '그렇다'라고 대답했습니다. 하지만 주변 사람들이 보기에는 차분히 듣고 있는 것처럼 보이지 않을 수 있지요. 다음 항목을 함께 보면서 자신이 정말로 차분히 잘 듣고 있는지 확인해 봅시다.

②번 항목, '말하는 사람의 눈을 바라보며 듣는 편인가?'에는 남성의 52.3%, 여성의 66.0%가 '그렇다'라고 대답했습니다. 이 결과를 통해 여성이 상대방의 눈을 보고 이야기하는 것에 더 익숙하다는 사실을 알 수 있습니다. 본인이 남성이라면 더 의식적으로 상대방의 눈을 보도록 노력하면 좋습니다.

④번 항목, '이야기를 들을 때 부정적인 표정이나 몸짓을 자주 하는가?'에는 '그렇다'라고 대답한 남성이 23.2%인 것에 비해 여성은 14.9% 남짓입니다. 이 결과는 남성의 경우 기분이 표정으로 드러나기 쉽다는 것을 뜻합니다. 또 짚고 넘어갈 점은, 표정은 무의식적으로 드러나기 때문에 '잘 모르겠다'라고 대답한 사람 또한 자신은 무표정을 짓고 있다고 생각해도 상대방에게는 다르게 느껴질 수 있다는 사실입니다.

⑤번 항목, '종종 "다른 사람 말을 잘 안 듣네."라는 말을 듣는가?' 또한 본인은 분명히 신경 쓰고 있다고 생각하지만 자신과 타인의 평가 차이가 큰 항목 중 하나입니다.

⑦번 항목, '대화할 때 내가 이야기하는 시간이 전체 대화 시간의 절반을 넘길 때가 많은가?'에서 '아니오'라고 대답한 비율은 남성, 여성 모두 51.3%, 45.3%였습니다. 하지만 자신이 말하고 있을 때는 시간이 짧게 느껴지기 마련입니다.

⑨번 항목, '상대방의 이야기에 "네, 네, 네" 하고 반복적으로 대답하는 편인가?'는 남녀 모두 35% 이상이 '그렇다'라고 대답했습니다. 정신없는 맞장구를 치지 않도록 주의합시다.

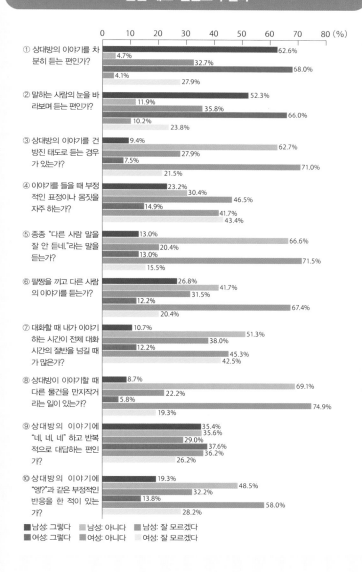

0 10 20 30 40 50 60 70 80 (%)

① 상대방의 이야기를 차분히 듣는 편인가?
62.6%
4.7%
32.7%
68.0%
4.1%
27.9%

② 말하는 사람의 눈을 바라보며 듣는 편인가?
52.3%
11.9%
35.8%
66.0%
10.2%
23.8%

③ 상대방의 이야기를 건방진 태도로 듣는 경우가 있는가?
9.4%
62.7%
27.9%
7.5%
71.0%
21.5%

④ 이야기를 들을 때 부정적인 표정이나 몸짓을 자주 하는가?
23.2%
30.4%
46.5%
14.9%
41.7%
43.4%

⑤ 종종 "다른 사람 말을 잘 안 듣네."라는 말을 듣는가?
13.0%
66.6%
20.4%
13.0%
71.5%
15.5%

⑥ 팔짱을 끼고 다른 사람의 이야기를 듣는가?
26.8%
41.7%
31.5%
12.2%
67.4%
20.4%

⑦ 대화할 때 내가 이야기하는 시간이 전체 대화 시간의 절반을 넘길 때가 많은가?
10.7%
51.3%
38.0%
12.2%
45.3%
42.5%

⑧ 상대방이 이야기할 때 다른 물건을 만지작거리는 일이 있는가?
8.7%
69.1%
22.2%
5.8%
74.9%
19.3%

⑨ 상대방의 이야기에 "네, 네, 네" 하고 반복적으로 대답하는 편인가?
35.4%
35.6%
29.0%
37.6%
36.2%
26.2%

⑩ 상대방의 이야기에 "엥?"과 같은 부정적인 반응을 한 적이 있는가?
19.3%
48.5%
32.2%
13.8%
58.0%
28.2%

■ 남성: 그렇다　■ 남성: 아니다　■ 남성: 잘 모르겠다
■ 여성: 그렇다　■ 여성: 아니다　■ 여성: 잘 모르겠다

'잘 듣는 사람'을 만드는 듣기의 3요소

자가 진단을 통해 스스로의 듣는 태도를 파악하고 강점과 약점을 발견했다면, 이제 자가 진단을 통해 개선해야 할 것들을 알아볼 차례입니다.

자가 진단은 총 열 가지 항목으로 구성되어 있지만, 여기서는 세 가지 요소로 나누어 포인트를 짚어 보겠습니다. 겉모습, 맞장구, 질문이 그것으로 이를 듣기의 3요소라 칭합니다. 이 세 가지를 잘 배우면 듣는 능력을 더 향상시킬 수 있습니다.

① 겉모습

겉모습은 듣는 사람의 행동과 제스처를 가리킵니다. 표정, 행동거지, 복장 등을 예로 들 수 있습니다. 듣는 사람의 겉모습이 별로라면 말하는 사람은 '저 사람, 내 말을 안 듣고 있구나.'라고 생각할 수 있습니다.

문제는 보통 남의 결점은 눈에 잘 들어오지만, 내가 남들에게 어떻게 보이는지는 파악하기 힘들다는 점입니다. 당신이 아무리 들으려고 해도 말하는 사람이 당신의 겉모습을 보고 '저 사람은 듣지 않고 있다'라고 인식하는 순간, 당신은 다른 사람의 말을 듣지 않는 사람이 되어 버립니다. 항상 주의해야 합니다.

② 맞장구

맞장구는 상대방의 이야기에 반응하는 것입니다. 어조, 방식, 목소리 크기, 속도에 따라 종류가 다양합니다. 말하는 사람이 편히 이야기할 수 있는 환경을 만들어 주는 것을 뜻하기도 합니다. 혹시 상대가 이야기하기 편하게 적절히 맞장구를 치는 것이 아니라 정신없이 맞장구를 치는 사람이 주변에 없는지 떠올려 봅니다.

쓸데없이 "네, 네, 네" 하고 반복적으로 맞장구를 치면 오히려 대화에 방해가 됩니다. 그렇다고 해서 아무 말도 하지 않고 있으면 이 또한 잘 듣는다고 할 수 없습니다.

③ 질문

질문은 말하는 사람의 이야기를 경청한 뒤, 대화에 대한 이해도를 높이는 동시에 말하는 사람의 의견을 이끌어 내기 위한 행위입니다. 보통은 말하는 사람의 이야기를 더 잘 이해하기 위한 질문을 하는데, 사실 좋은 질문은 상대방의 의견을 능숙하게 이끌어 내는 질문입니다.

또한 질문을 통해 서로 의견을 개진할 수도 있습니다. 질문에 대한 내용은 4장에서 더 자세히 다룰 것입니다.

여담이지만, 최근 10년 동안 '듣기의 중요성'이 주목받고 있다고 느낍니다. 듣기나 경청을 주제로 한 책이 얼마나 발행되었는지 알아보았는데, 2004년까지는 한 해에 한두 권 정도에 불과했습니다.

그런데 그 이후부터 2011년까지 한 해에 약 다섯 권이 발행되었습니다. 듣기의 중요성이 주목받기 시작한 것이죠.

2012년에는 아가와 사와코의 『듣는 힘』이 베스트셀러가 되었으며, 그 이후부터는 한 해에 열 권 정도 듣기나 경청을 주제로 한 책이 발행되고 있습니다.

듣는 기술도 중요하다고 인식이 변화하면서 듣는 기술을 배우고 싶다는 사람들이 늘어났고 그 필요성도 높아지고 있는 추세입니다. 실제로 사회인 대상으로 연수를 진행하면서 중간관리자급은 물론이거니와 신입사원들도 듣는 기술의 중요성을 실감했다는 이야기를 많이 듣습니다. 듣기와 말하기는 어느 한쪽이 부실하면 제대로 서지 못하는 커뮤니케이션의 두 기둥이기 때문입니다.

적절한 겉모습과 맞장구는 듣는 기술을 익히기 위해 매우 중요한 요소입니다.

듣는 능력을 향상시키기 위해서는 말하는 사람에게 좋은 질문을 던지는 것이 중요합니다. 4장에서 자세히 다루고 있습니다.

● 눈맞춤: 이야기는 눈으로도 듣는다

상대방의 눈을 잘 바라보지 못해서 눈을 내리깔거나 시선을 피하는 사람들이 많습니다. 그렇다면 서로 눈을 쳐다보지 않고 대화하는 것이 더 바람직한가, 라고 묻는다면 결코 그렇지 않습니다. 듣기 실습에서 듣는 역할을 하는 사람에게 일부러 말하는 사람의 얼굴도 눈도 보지 않고 들어 보라고 하는데, 그 상대인 말하는 사람은 십중팔구 이렇게 이야기합니다. "다른 곳을 보고 있으니 제대로 듣고 있는 건지 아닌지 불안해져서 이야기하다 멈추게 되더라고요."

눈을 바라보지 않는다는 것은 무시의 의미로도 해석됩니다. 상대방의 눈을 바라보면서 듣는 것은 듣는 사람의 의사를 내비치는 중요한 표현 중 하나입니다.

● 눈맞춤의 포인트

• 상대방이 이야기하기 시작하면 똑바로 눈을 응시합니다. 계속해서 눈을 바라보면 서로 어색하기 때문에, 2~3초 후에 다른 곳으로 시선을 살짝 돌립니다. 옷깃 주위를 바라보면 가장 무난합니다.

• 이야기 도중에 상대방이 눈을 마주치려고 하면 똑바로 눈을 마주칩니다.

• 듣는 사람이 많고 내가 그중 한 명일 때는 아래를 보지 말고 상대방을 똑바로 보고 이야기를 듣습니다. 듣는 사람이 여러 명일 때는 말하는 사람도 나를 가끔씩만 보게 되는데, 이때 눈이 마주치면 '저 사람이 제대로 듣고 있구나' 하고 확인할 수 있기 때문입니다.

말하는 사람이 듣는 사람과 눈을 맞추려고 할 때 모두가 고개를 숙이고 있다면 당황스러울 것입니다. 이야기가 재미없어서 다 같이 아래만 보고 있는지도 모르지만, 이유가 무엇이든 말하는 사람이 이야기를 이어 나가기 힘들어집니다. 말하는 사람의 눈을 바라보는 것은 상대방을 인정하고 있다는 신호이기에 무척 중요합니다.

눈맞춤 잊지 않기!

(외면)

(외면)

지난달 수입과 지출 말인데요.

말하기 싫네 정말!

눈맞춤은 듣는 태도의 기본이랍니다!

말하는 사람의 눈을 전혀 쳐다보지 않고 들으면 말하는 사람 입장에서는 불쾌할 수밖에 없습니다. 상대방의 눈을 보고 듣는 것은 상대방을 인정한다는 의미이기도 합니다. 물론 계속 쳐다보면 조금 부담스럽기 때문에, 본문에서 설명한 대로 적당히 시선을 돌려 가며 균형감 있게 눈을 맞춰야 합니다.

2-5

잘 들으면 이득을 보는 이유

우리는 태어나서부터 주변 사람들의 목소리를 들으며 성장합니다. 4세 즈음이 되면 말하는 능력이 크게 성장하기 시작하고요. 그런데 일본인들은 듣는 능력을 키울 생각은 하지 않은 채로 학교를 졸업하고 사회생활을 시작합니다. 그러다가 문득 듣는 능력의 필요성을 느끼게 됩니다. 이번 꼭지에서는 듣기의 효과 다섯 가지를 소개합니다.

● 효과① 호감형이 된다

주변에 다른 사람의 말을 듣지 않는 사람이 꽤 있을 것입니다. 중간에 다른 사람의 말을 끊고 자기주장만 하는 사람, 다른 사람의 이야기를 비판적으로 듣는 사람은 당연히 사람들이 싫어하게 되고 커뮤니케이션에도 문제가 생깁니다.

모든 사람은 말하기를 좋아하고, 남들이 자신의 이야기를 들어 주었으면 하는 경향이 있습니다. 하지만 모든 사람이 말하려고만 하면 들으려는 사람은 없어집니다. 주변을 한번 둘러봅시다. 다른 사람의 이야기를 잘 들어 주는 사람이 인기가 많다는 걸 알 수 있습니다. 듣는 사람 주변에는 사람이 모이기 마련입니다.

● 효과② 상대방을 즐겁게 함으로써 나도 즐거워진다

편한 친구가 아닌 지인과의 대화는 어색하다고 느끼는 사람도 적지 않습니다. 그 이유는 이야깃거리가 부족하다는 생각, 재미있고 재치 있는 이야기를 해야 한다는 강박 때문입니다.

하지만 듣는 사람이 듣는 기술의 포인트를 잘 이해하고 있으면 말하는 사람은 잘 이야기해야 한다는 중압감에서 벗어나 서로 즐거운 마음으로 대화할 수 있게 됩니다.

● 효과③ 정보를 수집할 수 있다

나만 이야기하면 상대방은 듣는 것에 질려 이야기할 의지를 잃어버리고 필요한 이야기만 하게 됩니다. 그러면 상대방이 내게 주는 정보의 양도 줄어듭니다. 그런데 잘 들어 주는 사람 앞에서는 이야기하기 쉬워지니 다양한 정보를 제공합니다. 이 대화 속에 나에게 필요한 좋은 힌트가 숨어 있을지도 모르는 일입니다.

● 효과④ 상대방의 기분을 이해할 수 있다

다른 사람의 말에 공감하면서 이야기를 들으면 상대방의 생각이나 기분을 이해할 수 있습니다. 상대방이 직접 언급하고 나서야 '그런 기분이었구나!' 하고 알게 되는 일도 적지 않습니다. 사람이란 상대방이 나를 이해해 주면 그를 더 신뢰하게 되기 마련입니다.

● 효과⑤ 깨닫는 계기가 된다

화가 나거나 이해가 가지 않는 일이 생기면 우리는 당사자 대신 가족이나 친구에게 뒷말을 하며 불만을 토로합니다.

이때 친구가 맞장구를 쳐 주거나, 질문하거나, 적극적으로 이야기를 들어 주면, 내 이야기를 객관적으로 받아들이게 되어 스스로의 착각이나 모순 혹은 편협한 사고관을 깨닫게 될 때가 있습니다.

이처럼 듣기에는 수많은 효과가 있으니, 다시금 자신의 듣는 기술을 되돌아보도록 합시다.

효과① 호감형이 된다

효과② 상대방을 즐겁게 함으로써 나도 즐거워진다

효과③ 정보를 수집할 수 있다

잘 듣는 것은 말하는 사람뿐만 아니라 나를 위한 일이기도 합니다.

효과④ 상대방의 기분을 이해할 수 있다

효과⑤ 깨닫는 계기가 된다

듣기의 중요성을 또 한 명이 알아 주었다

듣기를 가볍게 여기는 사람도 많지만, 연수에서 듣기의 중요성을 재확인하는 사람도 있습니다. 듣기 연수 시작 전의 분위기는 다른 연수와 사뭇 다릅니다. 요컨대, 썩 내켜 하지 않는 사람이 눈에 띕니다. 기업이나 공기업 연수는 출석 기준 때문에 딱히 듣고 싶지 않은 수업을 들어야만 하는 경우가 있습니다. 그러니 첫 수업 때부터 '열심히 들어야지'라고 생각하는 사람과 그렇지 않은 사람의 차이가 확연히 느껴집니다.

S현에서 연수를 진행했을 때의 일입니다. 수업 시작 전, 회의실 안쪽에 앉은 남성 참가자 U 씨는 기분이 언짢은 듯 보였습니다. 옆사람에게 "이렇게 바쁠 때 듣기 연수? 거참, 듣는 방법을 누가 몰라."라고 말하는 소리도 들렸습니다.

시작 전부터 이러니 진행이 힘들겠다고 생각했지만, 문제없이 오전 수업이 끝났습니다. 점심시간이 되어 참가자들 한 명 한 명에게 감상을 물어봤습니다. 드디어 U 씨의 자리에 도착했고, U 씨는 기다렸다는 듯이 "선거 기간이라 지금 좀 바쁜데요. 야근도 해야 하는데 지금 듣기 수업을 할 때가 아닌 것 같은데…."라며 이야기를 시작했습니다. 쉬는 시간이었으므로 나는 "그러셨군요. 힘드시겠어요."라고 대답한 뒤 다른 사람의 의견을 물었습니다.

저녁 무렵 연수는 무사히 끝났고 돌아갈 채비를 하고 있었습니다. 그런데 U 씨가 다가와서 "아침에는 죄송했습니다. 제가 잘못 생각했네요."라고 말하기 시작했습니다. 그가 확실히 오후부터는 진지하게 연수에 임하고 있다고 느꼈는데 일부러 인사까지 하러 오다니 조금 놀랍기도 하면서 고마웠습니다. 마지막으로 "듣기에 대해서 이제 완전히 이해했습니다. 잘 실천해 보도록 하겠습니다."라고 말한 것도 무척 인상적이었습니다.

약 30년 동안 커뮤니케이션 관련 연수를 진행해 왔는데, 듣기 연수는 말하기 연수보다 첫 반응이 확실히 약합니다. 하지만 연수가 끝나갈 무렵에는 거의 100%의 확률로 "듣기의 중요성을 다시금 느꼈다"라는 평가를 받습니다.

상대방이 어떻게 들을 때 기분이 좋은가

이 책의 집필에 앞서 여섯 명의 대학생(인터뷰 당시)에게 듣기에 대한 이야기를 들어 보았습니다. 대학생들의 솔직한 의견을 정리해 소개합니다.

○ **질문1. 듣는 사람이 어떻게 들을 때 대화하기 좋았는가? (제스처 포함)**

- 내 이야기를 들으며 나와 눈을 마주칠 때
- 다음 이야기로 이어지는 질문을 해서 대화가 무르익을 때
- 적절한 타이밍에 맞장구를 치고 한마디를 얹을 때
- 끄덕임, 맞장구, 적극적인 자세, 미소를 띤 얼굴
- 내 말에 이야기를 덧붙여 줄 때
- 미소 지으면서 끄덕거릴 때
- 웃음 포인트에서 적절히 웃어 줄 때

○ **질문2. 듣는 사람이 어떻게 들을 때 대화하기 싫었는가? (제스처 포함)**

- '흠' 하는 반응으로 끝낼 때
- 내 이야기와 이어지지 않는 대답을 할 때
- 눈을 피하거나 눈을 쳐다보지 않고 딴청을 피울 때
- 무표정, 늡듯이 앉아 있는 자세
- "흐음.", "…그래서?"만 반복할 때
- 대답하는 목소리 톤이 낮을 때
- 기본적인 반응만 하며 다른 일을 하면서 들을 때

○ **질문3. 어떤 사람과 이야기하기 편하다고 느끼는가?**

- 친한 상대, 혹은 둘이나 소수의 모임

- 이야기를 잘 들어 주고, 질문하면 자기 생각을 이야기해 주는 사람
- 솔직하게 이야기할 수 있는 사람
- 필요 이상으로 배려하지 않아도 되는 사이
- 편안한 분위기에서 내 이야기를 잘 들어 주고 있다고 느껴지는 사람
- 표정이 다양한 사람
- 이야기를 확장시켜 주는 사람, 자신의 의견을 말해 주는 사람
- 편하게 이야기할 수 있는 사람, 이야기의 속도가 맞는 사람
- 무슨 이야기든 자기 의견을 덧붙여 주는 사람

○ 질문4. 사회인과 대화할 때, 학생과의 차이를 느끼는가?
- 보통 간결하게 이야기는데, 연령대가 높아질수록 이야기도 길어진다
- 자신의 의견을 가지고 있고, 요약해서 말할 줄 안다
- 상사에게는 굽신거리면서 부하에게는 명령조인 경우가 많다
- 말을 꾸며 낸다는 느낌을 받는다
- 억지 웃음을 짓는다
- 본심을 보이지 않는다
- 나이가 많은 사람은 말이 길다
- 남의 이야기를 잘 들어 준다
- 사람에 따라서는 무척 고압적이다

읽어 보니 어떻습니까? 상대방을 편안하게 만들어 주는 듣는 기술에 대한 기준은 나이 든 사람이든 젊은 사람이든 느끼는 바가 비슷합니다.

제2장 정리

1 자신의 듣는 태도가 상대방에게 어떻게 느껴질지 다시 생각해 본다.

2 자신의 듣는 태도에 대한 나와 상대방의 인식 차이가 크다는 점을 인지한다.

3 듣는 태도는 본인이 자각하기 어렵다. 주변에서 지적하기 어렵기에 문제를 느끼지
   못한 채 지나치기 쉽다.

4 듣기의 3요소
   ① 겉모습, 즉 행동과 제스처도 중요한 표현이다.
   ② 맞장구는 상대방을 향한 반응이다.
   ③ 질문은 대화의 이해도를 높이고 상대방의 의견을 이끌어 낸다.

5 듣는 태도 자가 진단을 통해 자신의 듣는 태도를 파악해 본다.

6 듣기의 다양한 효과
   ① 호감형이 된다.
   ② 상대방을 즐겁게 함으로써 나도 즐거워진다.
   ③ 정보를 수집할 수 있다.
   ④ 상대방의 기분을 이해할 수 있다.
   ⑤ 깨닫는 계기가 된다.

7 듣기 하나로 인망이 오르내릴 수 있다.

제3장

말하는 사람에게 만족감을 주는 경청하는 기술

듣는 기술이 뛰어나면 상대방이 이야기하기 편할 뿐 아니라 예정에 없던 이야기까지 꺼내는 일도 생깁니다. '경청하는 기술'은 대화의 내용을 풍부하게 만드는 데 필수적입니다.

듣기를 넘어 경청이 필요하다

2장에서 듣는 기술의 기초인 듣는 태도에 대해 이야기했습니다. 3장에서는 말하는 사람에게 만족감을 주는 듣는 기술인 경청에 대해 이야기하겠습니다.

커뮤니케이션을 할 때 다른 사람 말에 귀를 기울이기보다 자신이 이야기하는 데 심취해 있는 사람이 많습니다. 하지만 서로 이야기하려고 들면 커뮤니케이션이 될 수 없습니다. 물론 자기주장은 중요합니다. 하지만 자신의 의견만을 내세우는 것은 고집불통이 되는 길일 뿐입니다.

또한 다른 사람의 이야기에 귀를 기울이는 것은, 말하는 사람을 조용히 쳐다보기만 해서 되는 일이 아닙니다. 경청은 결코 수동적인 행위가 아닙니다.

● **듣기와 경청의 차이**

1-2에서 듣기(hear)와 경청(listen)에 대해 설명했습니다. 짚고 넘어가자면 듣기는 '그냥 듣고 있는 것, 흘려 듣는 것'입니다. 들으면서 '네, 응, 그래' 등으로 가볍게 대답하며 가족과 친구와의 일상 대화에서 주로 이루어집니다.

하지만 가족과 친구라도 제대로 들어 주었으면 할 때가 당연히 있습니다.

사회생활을 할 때는 귀 기울여 듣기, 즉 경청이 필요합니다. 나는 듣고 있다고 생각해도 말하는 사람 입장에서는 귀를 기울이지 않고 있다고 느낄 수 있습니다. '저 사람, 경청하고 있는 것 같지만, 눈에는 초점이 없던데.'라고 느끼는 경우도 적지 않습니다. 따라서 말하는 사람에게도 느껴질 만한 경청하는 기술을 습득해 봅시다.

듣는 기술은 다섯 가지 포인트의 종합적 능력이다

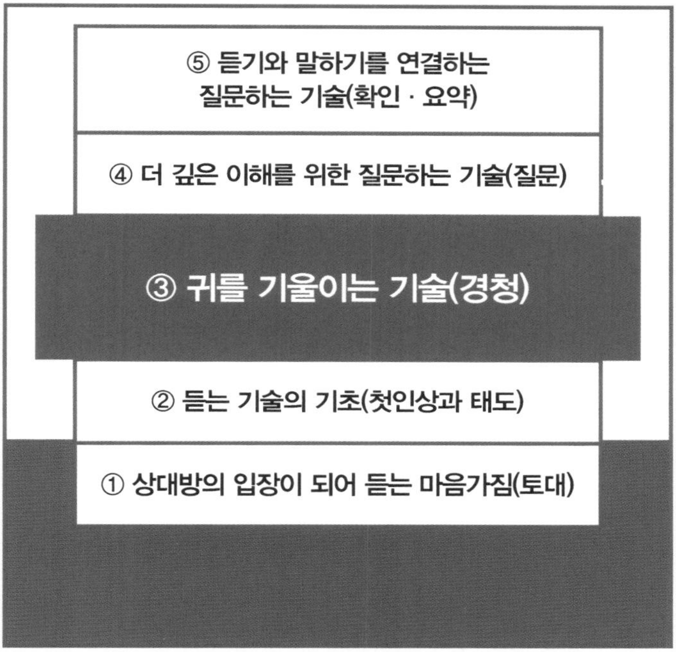

⑤ 듣기와 말하기를 연결하는
질문하는 기술(확인 · 요약)

④ 더 깊은 이해를 위한 질문하는 기술(질문)

③ 귀를 기울이는 기술(경청)

② 듣는 기술의 기초(첫인상과 태도)

① 상대방의 입장이 되어 듣는 마음가짐(토대)

대화할 때나 논의할 때, 혹은 회의 자리에서 모두가 자기만 말하려고 하면 자기주장 경쟁이 되어 좋은 커뮤니케이션을 할 수 없습니다. 경청의 자세가 필요한 이유입니다.

나의 경청하는 자세를 객관적으로 진단하기

● **나의 경청하는 자세는 어떠한가**

들으려는 사람보다 말하려는 사람이 많은 것은 확실합니다. '지금은 경청해야 하는 시간'이라는 사실을 머리로는 알아도 기어코 말을 꺼내는 사람도 많습니다. 젊은 시절의 저를 생각하면 누가 누구를 가르치나 싶지만, 그런 저에게라도 배워야 하는 것이 바로 경청하는 기술입니다.

텔레비전 토론회에서는 사회자가 시간을 조정하므로 커뮤니케이션이 원활히 진행되지만, 일상의 대화나 회의에서는 나의 경청 방식이 커뮤니케이션의 진행과 그 결과에 큰 영향을 미칩니다. 이 꼭지는 '내가 경청하는 입장'이라고 생각하면서 읽기 바랍니다.

● **신뢰로 이어지는 경청**

경청의 중요성이 주목받고 있는 것은 사실이지만, 그럼에도 불구하고 "A 씨는 달변가지만, 완전 일방통행이라서…. 다른 사람 말은 안 듣는다니까."라는 평가를 받는 사람이 여전히 많습니다.

반면 "B 씨는 내 이야기를 참 잘 들어 주더라. 특별한 조언은 해 주지 않는데 이상하게 상의한 보람이 있다고 느껴져. 참 좋은 사람이야."라고 신뢰받는 사람도 있습니다.

사람은 누구나 내 이야기에 귀를 기울여 주길 바랍니다. 상대방의 이야기에 귀를 기울인다는 것은 상대방을 있는 그대로 받아들인다는 의미이자 존중한다는 뜻입니다. 상대방을 존중하면 당연히 나도 존중받을 수 있고, 그것이 곧 신뢰로 이어져 나를 두고 '고민을 이야기해 볼 만한 사람'이라고 생각하는 사람이 늘어납니다. 당신은 말하는 사람의 이야기를 얼마나 귀기울여 듣고 있습니까? 69쪽의 자가 진단을 통해 알아볼 수 있습니다.

'경청하는 자세' 자가 진단 체크리스트

1	내가 말하는 것보다 남의 이야기를 듣는 것을 선호한다.	5	4	3	2	1
2	공감할 때 고개를 끄덕이거나 맞장구를 치면서 상대방의 이야기를 듣는 편이다.	5	4	3	2	1
3	상대방의 이야기를 끝까지 듣는다.	5	4	3	2	1
4	상대가 하는 이야기의 결과를 먼저 말하지 않고 듣는다.	5	4	3	2	1
5	상대방이 이야기하는 도중에 자신의 의견이나 주장을 말하지 않고 참는다.	5	4	3	2	1
6	상대방이 누가 봐도 틀린 말을 했을 때, 그 말을 다시 확인한다.	5	4	3	2	1
7	분위기가 심각해지면 한 박자 쉬고 이야기한다.	5	4	3	2	1
8	이야기의 키워드를 정리하면서 듣는 편이다.	5	4	3	2	1
9	메모를 하면서 듣는 편이다.	5	4	3	2	1
10	상대방에게 던질 질문을 생각하면서 듣는다.	5	4	3	2	1

소계

합계

5: 아주 잘하고 있다 (5점)   4: 잘하고 있다 (4점)   3: 어느 정도 하고 있다 (3점)
2: 조금 부족하다 (2점)   1: 못하고 있다 (1점)

● 자가 진단 결과를 해석하는 법

2장에서 체크한 것과 동일하게 '3: 어느 정도 하고 있다'라는 선택지가 없다고 생각하고 5·4·2·1 중에서 다시 골라 봅니다. 되도록 엄격하게 진단하는 것이 중요합니다. '음, 나는 열심히 경청하고 있는 것 같은데.'라며 자신이 경청을 잘하고 있다고 착각하지 않도록 잘 생각해 봅니다.

다시 해 보니 의외로 좋은 결과가 나왔는지, 혹은 스스로 반성할 만한 결과가 나왔는지 확인해 봅시다. 우선 가장 중요한 항목인 5번과 6번에 대해 살펴보겠습니다.

5번, '상대방이 이야기하는 도중에 자신의 의견이나 주장을 말하지 않고 참는다.'를 봅시다.

말하기 좋아하는 사람은 상대방의 말을 끊으려는 의도가 없어도 이야기가 길어지면 자기도 모르게 듣는 사람에서 말하는 사람이 되곤 합니다. 이러면 빈축을 살 수 있으므로 '아, 또 끼어들었네' 하는 상황을 만들지 않도록 주의해야 합니다.

6번, '상대방이 누가 봐도 틀린 말을 했을 때, 그 말을 다시 확인한다.'를 살펴보겠습니다.

이 경우는 세 가지 유형으로 나누어 볼 수 있습니다. ① 바로 확인, ② 시간이 조금 지난 후 확인, ③ 모른 체하기. 만약 내가 말하는 사람이라면 어떤 반응이 좋을지 상상해 봅니다. 개인적으로 저는 연수에서 강의를 할 때, 내가 잘못된 이야기를 했을 때 시간이 조금 지난 후에 확인해 주었으면 합니다. 사실 강사 일을 하기 전에는 바로 지적당하면 "죄송합니다, 알려주셔서 감사합니다."라고 말했지만 내심 화가 나기도 했습니다.

10번, '상대방에게 던질 질문을 생각 하면서 듣는다.'에 대한 내용은 다음 제4장에서 더 자세히 짚어 보겠습니다.

상대방이 이야기하는 도중에는 자신의 의견이나 주장을 내세우지 않는다

다른 사람의 말을 끊고 자기 이야기를 시작하는 사람이 많은데, 상대방의 이야기를 끝까지 듣는 것은 기본 중의 기본입니다.

상대방이 틀린 말을 하면 재확인한다

의문점이 생기면 반드시 확인해야 합니다. 특히 1대 다수인 상황이라면, 주변 사람들도 의문을 품고 있는 경우가 많기 때문에 그 자리에서 확인하는 편이 더 좋습니다.

경청하는 자세에 대한 설문조사 결과

경청하는 자세에 대한 설문조사 결과를 함께 보겠습니다.

①번 항목, '내가 말하는 것보다 남의 이야기를 듣는 것을 선호하는가?'에 대해 남성은 42.3%, 여성은 35.9%가 '그렇다'라고 대답했습니다. 여성이 '내 이야기를 들어 주었으면 한다'라는 마음이 더 강한 것을 알 수 있는 결과입니다. '잘 모르겠다'라고 대답한 비율은 남성이 46.3%, 여성이 53%로 다른 질문에 비해 선택 비율이 높은 것이 특징이었습니다. 정확한 결론을 내기는 어렵지만, 이야기가 재미있다면 듣고 있는 편이 더 좋을지도 모릅니다.

②번 항목, '공감할 때 고개를 끄덕이거나 맞장구를 치면서 상대방의 이야기를 듣는 편인가?'에 대해 '그렇다'라고 답변한 사람은 남성이 60.3%, 여성이 79.3%로 남녀 모두 높은 수치로 나타났으며 여성은 특히 의식적으로 맞장구를 치는 것을 알 수 있습니다. 그러나 맞장구를 적절히 치는 것도 쉽지 않은 일입니다. 다음 꼭지에서 자세히 확인하겠습니다.

③번 항목, '상대방의 이야기를 끝까지 듣는가?'는 남녀 모두 '그렇다'고 대답한 비율이 약 65%에 달했습니다. 그런데 다음 질문인 ④번 항목, '상대가 하는 이야기의 결과를 먼저 말하지 않고 듣는가?'에서는 '그렇다'라고 대답한 남성은 36.1%, 여성은 37.8%에 그쳤습니다. ⑤번 항목, '상대방이 이야기하는 도중에 자신의 의견이나 주장을 말하는가?'에도 '그렇다'라고 대답한 남성은 21.5%, 여성은 22.1%뿐이었습니다. 웬만하면 끝까지 들으려고 하지만, 때에 따라서는 끼어들기도 한다고 해석 가능합니다.

⑦번 항목, '분위기가 심각해지면 한 박자 쉬고 이야기하는가?'는 '그렇다'라고 대답한 남성이 38.1%, 여성은 41.4%였습니다. 제가 체감한 것보다는 낮은 수치였습니다. 아무튼 이야기가 과열되기 시작하면 되도록 빨리 쉬는 시간을 가지는 것이 좋습니다.

'경청하는 자세' 설문조사 결과

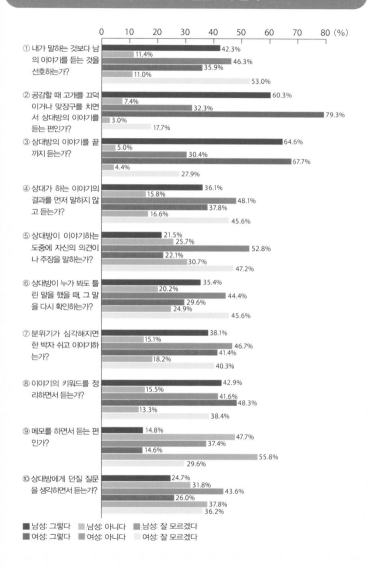

① 내가 말하는 것보다 남의 이야기를 듣는 것을 선호하는가?
- 42.3%
- 11.4%
- 46.3%
- 35.9%
- 11.0%
- 53.0%

② 공감할 때 고개를 끄덕이거나 맞장구를 치면서 상대방의 이야기를 듣는 편인가?
- 60.3%
- 7.4%
- 32.3%
- 79.3%
- 3.0%
- 17.7%

③ 상대방의 이야기를 끝까지 듣는가?
- 64.6%
- 5.0%
- 30.4%
- 67.7%
- 4.4%
- 27.9%

④ 상대가 하는 이야기의 결과를 먼저 말하지 않고 듣는가?
- 36.1%
- 15.8%
- 48.1%
- 37.8%
- 16.6%
- 45.6%

⑤ 상대방이 이야기하는 도중에 자신의 의견이나 주장을 말하는가?
- 21.5%
- 25.7%
- 52.8%
- 22.1%
- 30.7%
- 47.2%

⑥ 상대방이 누가 봐도 틀린 말을 했을 때, 그 말을 다시 확인하는가?
- 35.4%
- 20.2%
- 44.4%
- 29.6%
- 24.9%
- 45.6%

⑦ 분위기가 심각해지면 한 박자 쉬고 이야기하는가?
- 38.1%
- 15.1%
- 46.7%
- 41.4%
- 18.2%
- 40.3%

⑧ 이야기의 키워드를 정리하면서 듣는가?
- 42.9%
- 15.5%
- 41.6%
- 48.3%
- 13.3%
- 38.4%

⑨ 메모를 하면서 듣는 편인가?
- 14.8%
- 47.7%
- 37.4%
- 14.6%
- 55.8%
- 29.6%

⑩ 상대방에게 던질 질문을 생각하면서 듣는가?
- 24.7%
- 31.8%
- 43.6%
- 26.0%
- 37.8%
- 36.2%

■ 남성: 그렇다　■ 남성: 아니다　■ 남성: 잘 모르겠다
■ 여성: 그렇다　■ 여성: 아니다　□ 여성: 잘 모르겠다

경청하는 기술을 익히기 위한 기본기

● 세 가지의 듣는 방식

우선 듣는 방식을 크게 세 가지로 나누고, 어떤 상황에서 어떤 듣는 방식을 활용하는 것이 좋은지 알아봅시다.

① 부정적 듣기

말하는 사람의 입장에서 가장 불쾌한 방식이니 주의해야 합니다. 예를 들면 옆이나 아래를 보면서 듣거나, 배부한 자료를 뒤적이면서(말하는 사람의 설명과 상관없는 부분을 들추면서) 듣는 것입니다. 본인은 이야기를 듣고 있다고 생각하겠지만, 말하는 사람은 '저 사람, 부정적인 태도로 듣고 있다'라고 느낄 수밖에 없습니다.

② 긍정적 듣기

화자를 차분히 바라보면서, 이따금 고개를 끄덕이거나 공감하며 듣는 방식입니다. 긍정적인 태도로 듣고 있다는 건 말하는 사람에게도 느껴지기 마련입니다. 가장 기본적인 예절을 갖춘 듣는 방식이라고 할 수 있습니다.

③ 적극적 듣기

가장 바람직한 듣기 방식입니다. 긍정적 듣기에 더해 맞장구를 치고, 키워드를 확인하면서 듣습니다. 적극적·능동적으로 들으면 말하는 사람은 안심하고 편하게 이야기를 이끌어 갈 수 있습니다. 당연히 신뢰할 수 있는 대화 상대라는 인상도 심어 줄 수 있습니다.

적극적 듣기가 어렵다면 긍정적 듣기만 하려고 신경 써도 말하는 사람에게 좋은 인상을 남길 수 있습니다.

● 경청이 커뮤니케이션을 활성화한다

경청하는 사람과 대화를 하면 기분이 처져 있거나 힘든 일이 있어도 거짓말처럼 기분이 좋아집니다. 그렇다면 경청하는 기술이 뛰어난 사람의 특징은 무엇일까요? 잘 끄덕이고, 맞장구를 잘 치는 사람이라고 생각합니다. 이 두 가지는 커뮤니케이션을 더욱 활발히 만들어 주는 요소입니다.

○ 끄덕임의 효과와 주의점

우선 경청의 기법 중 하나인 끄덕임의 포인트를 알아봅시다.

끄덕임은 말하는 사람이 여러 명을 향해 이야기할 때 '듣고 있다'라고 표시할 수 있는 신호입니다. 저도 연수를 진행할 때 수강자가 끄덕이면서 이야기를 들으면 수업 진행이 원활해지고 기분도 좋아집니다.

하지만 역효과를 내는 끄덕임도 있습니다. 예를 들면 지나치게 많이 끄덕이거나, 규칙적으로 끄덕이거나, 과장되게 계속 끄덕이는 행위는 주의가 필요합니다. 오히려 억지스러워 보여서 반감을 살 수 있기 때문입니다. 혹시 당신 주변에도 이렇게 끄덕거리는 사람이 있습니까? 만약 있다면, 그 사람의 듣는 태도를 어떻게 생각하고 있었는지 떠올려 봅니다. 분명 좋은 느낌은 아니었을 겁니다.

지방자치단체 포럼에 자주 참석하는 편인데, 3개월 동안 포럼에 참석한 여러 사람들의 듣는 방식을 관찰해 보았습니다. 40세 이상의 구성원으로 이루어진 열 명 정도의 포럼에서는 한두 명 정도가 말하는 사람 입장에서 거북하고 불쾌하게 느껴지는 듣기 방식을 취하고 있었습니다.

그중에는 일주일에 두 번 정도 만나는 사람도 있었는데, 주변 사람들이 특별히 주의를 주지 않아 그 상태가 바뀌지 않았습니다. 듣는 방식은 고칠 기회가 많지 않아 개선이 어렵습니다. 당신은 어떠합니까?

세 가지의 듣는 방식

종류	태도	상대방이 느끼는 감정	정리
부정적 듣기	• 눈을 바라보지 않기 • 딴 곳을 보기 • 끄덕이지 않기 • 말하지 않기	• 불안 • 불쾌	하지 말아야 할 방식
긍정적 듣기	• 차분하게 바라보기 • 끄덕이기 • 공감하며 듣기 • 수동적으로 듣기	• 안심 • 공감	기본적인 예의

적극적 듣기	• 긍정적 듣기와 유사한
	  방식
	• 맞장구를 치기
	• 이야기의 키워드를
	  확인하기
	• 능동적으로 듣기
		• 신뢰감
		• 만족
			말하는 사람의
			신뢰를 얻는 방식

여러 명을 상대로 말하는 사람은, 듣는 사람이 끄덕이면 안심합니다. 말하는 사람의 마음이 편해지면 이야기의 질이 높아져 듣는 사람에게도 도움이 됩니다.

○ 맞장구의 효과와 주의점

특히 소수 인원의 경우, 끄덕임뿐 아니라 맞장구까지 치면서 들으면 더 적극적인 경청이 되어 상대방에게 좋은 인상을 줄 수 있습니다. 다음의 다섯 가지는 맞장구의 대표적인 예시입니다. 읽어 보고, 상황에 맞추어 사용해 보기 바랍니다.

① 동의
끄덕이면서 "그러네요." 하고 소리 내어 동의를 표현하는 방식입니다. 대화가 원활히 진행되게 돕습니다.

② 촉진
대화가 멈추거나 말하는 사람이 머뭇거릴 때 "예를 들면 어떤 건가요?" 하고 물으면 말하는 사람은 자신이 이야기하려던 내용을 정리할 수 있습니다.

③ 정리
"한마디로, 이런 건가요?"와 같이 들은 이야기를 정리하는 것입니다. 듣는 사람이 얼마나 이해했는지 알 수 있으니 말하는 사람이 안심합니다.

④ 전환
대화가 막혔을 때 주로 사용하는 방법입니다. 단, 너무 쉽게 "다른 시각에서 바라보면 이렇지 않을까요?"라고 말하면 말하는 이가 자신의 이야기를 부정당했다고 느낄 수 있기에 대화가 더 이상 진행되지 않을 때의 타개책으로만 사용하는 것이 좋습니다.

⑤ 공감
"저도 그 기분 잘 알아요.", "참 잘됐네요." 등과 같이 공감을 표현하는 것입니다. 특히 상대방이 고민을 떠안고 있거나 곤혹스러워할 때 쓰면 좋

맞장구의 종류와 사용 예시

맞장구의 종류	사용 예시
1. 동의 (소리 내어 동의한다는 의사를 내비친다)	"네.".1, "그러네요.", "말씀하신 대로예요.", "그렇군요."
2. 촉진 (이야기를 이끌어 낸다)	"그 다음은요?", "그래서 어떻게 되었나요?", "예를 들면요?", "그 외에도 다른 이야기가 있나요?"
3. 정리 (들은 이야기를 정리한다)	"한마디로 이런 거네요.", "즉, ○○라는 뜻이지요?"
4. 전환 (이야기의 방향을 바꾼다)	"그런데", "다른 이야기인데요.", "다른 시각에서 바라보면…"2
5. 공감 (공감의 감정을 표현한다)	"잘됐네요.", "그 기분 알아요.", "힘드셨겠네요.", "그럴 수 있죠."

 1 동의

 2 촉진

3 정리

4 전환

5 공감

1 "네, 네.", "응, 응, 응."처럼 반복적인 맞장구는 바람직하지 않습니다.

2 자칫 말하는 사람이 자신의 이야기를 부정당했다고 생각할 수 있기에, 대화나 논의가 더 이상 진행되지 않을 때의 타개책으로만 사용합니다.

습니다. 그러나 공감한답시고 "저도 그런 적이 있는데요." 하며 자신의
이야기를 꺼내는 것은 금물. 경청하는 입장을 철저히 지켜야 합니다.

● 적극적 듣기로 경청하는 능력 쌓기

적극적 듣기는 상대방이 이야기하는 포인트를 듣는 사람이 재확인하는
방식으로 적극적 경청이라고도 합니다. 말하는 사람의 이야기 속에서 키
워드라고 할 만한 단어를 골라서 그것을 반복하고 확인하면 말하는 사람
에게 '잘 듣고 있구나' 하는 인상을 줄 수 있습니다. 이 기술을 지금까지
습득한 내용과 함께 사용하면 경청하는 능력을 종합적으로 끌어올릴 수
있습니다.

커뮤니케이션은 말하기와 듣기의 양방향 소통입니다. 듣기는 소극적
인 행위로 받아들여지기 쉽지만, 말하는 사람에게는 경청하는 사람이 필
요합니다.

우리는 말하는 사람과 듣는 사람의 역할을 넘나들면서 원활한 의사소
통을 합니다. 듣는 기술과 말하는 기술 모두를 습득하면 시너지 효과가
생겨 상대방까지 듣고 말하는 능력이 좋아질 것입니다.

물론 이 종합적인 능력을 높이기 위해서는 토대가 되는 듣는 태도부터
다져 놓아야 합니다. 태도가 나쁘면 효과도 반감되기 때문이죠.

듣고 말하는 기술을 하나의 수법으로 받아들이기 쉽지만, 본질은 태도
와 마음가짐에 있습니다. 2-2의 듣는 태도에 대한 자가 진단 체크리스트
를 떠올리면서 스스로의 듣는 태도가 어땠는지 확인해 봅시다.

적절한 끄덕임과 맞장구에 더해 적극적 듣기를 구사하면 듣는 사람으로서 더할 나위가 없습니다.
말하는 본인조차 인식하지 못했던 이야기의 '서랍'을 열도록 유도해 봅시다.

경청을 방해하는 요소들

자가 진단에서 고쳐야 할 부분이 너무 많았다면, 커뮤니케이션의 방해 요소에 주목하여 자신의 경청하는 기술을 되돌아봅니다.

● 빠른 어조로 질문하기

유난히 빠른 어조로 질문하는 사람이 있습니다. 본인은 재빠르게 반응하기 위해 그러는 것일지도 모르지만, 말하는 사람이나 주변인이 보기에는 '제대로 듣고 있는 걸까?', '경청하는 자세가 안 되어 있는 건 아닌지?', '불만만 제기하고, 다른 사람 이야기는 안 듣나…?' 하는 생각이 들수 있습니다.

빠른 어조는 말하는 사람보다 듣는 사람일 때 오히려 결점이 됩니다. 말하는 사람의 말이 빠르다면, 듣는 사람이 내용을 파악하고 있다면 큰 문제가 되지 않습니다. 하지만 듣는 사람이 질문을 빠르게 하면 말하는 사람이 당혹스러울 수 있습니다. 질문에 대비할 시간도 없을뿐더러 바로 대답해야 하기 때문입니다. 즉, 질문이 너무 빠르면 대답하기가 어렵습니다. 빠르고 강한 어조의 질문은 내용도 복잡한 경우가 많아 더욱 대답하기 어려운 측면이 있습니다.

예를 들어 보겠습니다. M 씨는 언제나 질문이 빠르고 이해하기 어렵다는 소문이 사내에 퍼지면서 'M 씨는 항상 바른말만 하긴 하는데, 말이 너무 빠르고 기가 세다'라는 평을 듣기 시작했다고 합니다. 여기서 주목할 점은 말이 빠르다는 지적뿐 아니라 '기가 세다'라는 험담까지 듣게 되었다는 것입니다. 천천히 말하도록 의식하지 않으면 자신의 평판마저 나빠질 수 있습니다.

평판이 나빠지면 아무도 당신의 의견을 들어 주지 않고, 무리에서 소외되는 일이 벌어질 수 있습니다. 미리 지적해 주지 않는 주변인도 잘못이 있지만, 원인 제공이 나에게 있다면 자신을 되돌아보지 않는 이상 개선은 어려운 법입니다. 주변 사람들이 어울리기 꺼리는 인물들의 특징을 잘 살펴보면 이해할 수 있을 것입니다.

빠른 어조로 하는 질문은 바람직하지 않다

경청하기 위해서는 천천히, 상대가 이해하기 쉽게, 친절하게 질문해야 합니다. 빠른 어조로 하는 질문은 삼가야 합니다.

텔레비전은 아주 좋은 교본입니다. 뉴스나 토론 프로그램을 보면서 발언자의 듣는 방식이나 질문, 반응, 반론 방식을 보면서 출연자의 듣는 기술, 말하는 기술, 반응하는 방식을 체크해 봅니다. 방송의 내용이 아니라 출연자의 말투나 빠르기, 목소리 크기, 발화 간격, 타이밍 등을 유심히 살펴보며 평가하는 것입니다.

단, 평가와 나의 실천은 별개의 문제입니다. 우선은 스스로가 듣는 입장일 때 차분히 듣고 천천히 질문할 수 있도록 연습하기 바랍니다.

● 말을 끊고 끼어들기

이야기를 들으면서 '이쯤에서 한마디 하고 싶은데'라는 생각이 들면 그냥 끼어드는 사람이 있습니다. 말하는 사람의 입장에서는 어떨까요? '끼어들지 말고 일단 좀 들어 보지', '여기서 끼어들면 곤란한걸' 하는 생각이 들 것입니다. 처음에는 참겠지만, 여러 번 당하고 나면 "그 사람은 다른 사람의 말을 안 들어."라는 이야기가 나올 수밖에 없습니다.

● 이야기 가로채기

타인의 발언을 가로채 자신의 이야기를 늘어놓는 사람도 있습니다. 아마 모두가 살면서 한두 명 정도는 만나 보지 않았을까요? 이런 사람들에게는 "이보세요, 아무리 그래도 남의 이야기를 그렇게 가져가나요?"라고 말하고 싶겠지만, 본인은 악의가 없는 경우가 많습니다.

이들은 처음에는 상대방의 이야기를 되뇌면서 확인하지만, 어느새 비슷한 이야기를 하면서 자신의 이야기로 만들어 버립니다. 텔레비전에서 하는 토론 프로그램을 보고 있으면 가로채기에 가까운 발언을 하는 사람을 볼 수 있습니다. 아쉽게도 본인이 "아, 제가 이야기를 가로챘네요."라고 인정하는 경우를 본 적은 없지만 말입니다.

말을 끊고 끼어들기

이야기 가로채기

반면교사는 최고의 교사다

● 타인의 잘못을 엄격하게 지적하는 사람

이야기를 듣다 보면 상대방의 말실수, 화이트보드에 잘못 적은 글자, 자료의 오류 등을 발견할 때가 있습니다.

이럴 때는 틀린 부분을 지적할지 말지 고민하게 됩니다. 이렇게 고민하는 사이에 말할 타이밍을 놓쳤던 적도 있을 것입니다.

그대로 잊어버린다면 괜찮지만 머릿속에서 떠나지 않습니다. 그렇다면 일단 조용히 있을까, 시간이 조금 지나고 나서 말할까, 지금 말하는 게 좋을까 하고 고민됩니다. 당신이라면 어떻게 하겠습니까?

이렇게 고민하는 사이에 시간이 흘러 '역시 말하는 편이 낫겠다'라는 결론을 냈을 때, 당신은 상대방에게 어떻게 말을 꺼냅니까? 다음의 두 가지 유형 중 자신이 어느 쪽에 속하는지 확인해 봅니다.

○ 유형 1

A: B 씨, 잠깐 시간 괜찮아요?

B: 네, 왜요?

A: 계속 신경이 쓰여서요. 회의에서 화이트보드에 '결제'를 '결재'라고 쓰셨
잖아요. 근데 보면서 사실 좀 그랬거든요. 다들 보고 있기도 하고, 어려
운 말도 아닌데, 좀 주의해서 쓰는 게 어떨까 싶네요.

B: 아 그렇군요…. 네 감사합니다.

○ 유형 2

A: 아 맞다. 나 M 씨에게 할 말이 있었는데, 까먹고 있었네요. 조금 신경 쓰
이는 부분이 있어서요.

부드럽게 잘못을 지적하는 방법

누구나 실수하기 마련입니다. 마치 나는 한 번도 실수한 적이 없다는 듯 타인의 잘못을 지적하는 태도는 다시 생각해 볼 문제입니다.

B: 앗, 뭔가요?

A: 아까 회의에서 화이트보드에 '결제'라고 쓰셨잖아요. 그게 '결재'로 보이지 뭐예요.

B: 헉! 그렇군요. '재'라고 쓰고 있었나 봐요. 감사해요.

유형 2번이 더 '가볍게' 지적하는 것처럼 보이지 않나요?

상대방의 잘못을 지적하는 것은 무척 어려운 일이지만, 말해야겠다고 결정했다면 무겁게 이야기하지 말고 가볍게 이야기해야 상대방도 마음이 무겁지 않습니다.

● 허점 찾기에 혈안인 사람

남의 이야기를 들을 때, 이야기의 허점을 찾아가며 듣는 사람이 있습니다. 물론 본인은 그럴 의도는 아니었을 테지만, 이야기를 잘 듣고 머리 회전도 빠른 사람이 남의 허점이나 결점만 찾고 있다면 자신의 장점을 지우는 것과 다름이 없습니다.

이런 유형의 사람은 주변 분위기나 상대방의 표정 및 반응을 지금보다 더 의식하는 편이 좋습니다. 그러면 '또 트집만 잡고 있네'라고 비추어지는 대신 "날카로운 지적이야. 맞는 말이네."라고 평가받을 수 있습니다.

여기서 중요한 것은 공감하면서 듣는 태도입니다. 비슷한 내용이 이어지더라도 듣는 방식을 조금만 바꿔 보면 받아들이기 쉬워집니다.

● 다른 사람의 이야기를 소중히 여기지 않는 사람

듣는 사람의 입장이 되었을 때, 상대방이 아니라 자기중심적으로만 행동하는 사람이 있습니다.

예를 들어 보겠습니다. U 씨는 상대방의 이야기가 끝남과 동시에 본인이 말하는 사람이 되어 지금까지의 이야기는 신경 쓰지 않고 "나는 ○○에 대해 ○○라고 생각해요."라며 이야기를 시작합니다. 직전에 발언했던 사람은 '엥? U 씨, 내 이야기는 아예 무시하는 건가?'라는 불만을 품

이야기를 말로 풀다 보면 다소 부정확한 부분이 생길 때도 있습니다. 자기 과시를 위해 이야기의 본질과 상관없는 '지적질'을 하면 다른 사람들을 불쾌하게 만들 뿐입니다.

을 수밖에 없습니다.

타인의 발언을 들은 후 그의 발언 내용까지 자신의 이야기로 만들어 마치 모든 이야기가 자신의 의견인 것처럼 이야기하는 사람은 상태가 더욱 심각합니다. 적어도 "그러네요." 정도의 맞장구는 친 후에 자신의 이야기를 시작하는 것이 바람직합니다.

● 대화가 풀리는 듣기와 끊기는 듣기

집이 아닌 곳에서 원고를 쓸 때 종종 모두에게 열려 있는 공간이나 두세 시간 정도 머물러도 괜찮은 단골 가게에 갑니다. 편의점에 갈 때도 있는데, 시간대에 따라 직원이 다르고 그들의 응대법도 다 달랐습니다. 이들을 관찰하니 커뮤니케이션 공부에도 도움이 되었습니다.

① 계산대에서의 일반적인 대화

나: (동전 지갑을 손에 들고) 계산해 주세요.

직원 1: 네, 감사합니다. 5700원입니다.

나: (동전을 찾으면서) 5000… 잠시만요 500원짜리가…

직원 1: (기다리는 손님은 없지만 빨리 좀 하라는 느낌으로 짜증을 내면서) 5700원 받았습니다. 감사합니다.

② 계산대에서 기분이 좋아지는 대화

나: (동전 지갑을 손에 들고) 계산해 주세요.

직원 2: 네, 감사합니다. 5700원입니다.

나: (동전을 찾으면서) 5000… 잠시만요….

직원 2: (잠시 기다린 후) 동전을 갖고 계시는구나. 뒤에 기다리는 손님도 없으니 천천히 하세요.

나: 감사해요.

점원 2: 네, 5700원 받았습니다.

나: 덕분에 동전 지갑이 가벼워졌어요. 고마워요.

작은 배려로 대화가 원활해지고 서로 기분이 좋아질 수 있습니다. 물론 손님도 건방진 태도를 취해서는 안 되겠죠.

계산에 걸린 시간은 아마 비슷할 겁니다. 같은 시간이지만 ②번은 손님의 기분이 좋아지고(동전 지갑도 가벼워졌고) 다음에도 저 편의점을 이용해야겠다고 생각하겠죠. 이처럼 듣는 사람의 작은 배려와 대응으로 기분이 좋아질 수 있습니다.

여담이지만 편의점에서 건방진 태도로 직원을 대하는 손님을 본 적도 있습니다. 직원은 급여를 받고 일을 하는 사람이지 손님의 아랫사람이 아닌데, 마치 자신이 '진짜 왕'인 것처럼 안하무인으로 행동하는 사람들을 보면 무척 불쾌합니다.

저는 직원들을 대할 때 되도록 친절하게 커뮤니케이션하려고 하는데, 그중에는 마음을 닫아 버린 것처럼 항상 어두운 얼굴을 한 사람들이 있습니다. 호되게 당한 경험이라도 한 것인지 처음부터 수비적으로 대응한다는 느낌을 받았습니다.

이어폰을 낀 채로 직원과 대화하는 사람도 종종 목격하는데, 상대방에 대한 기본적인 예의가 느껴지지 않아 무례해 보입니다. 손님도 직원에 대한 배려가 필요합니다.

동전을 던지는 사람, 별것 아닌 일로 혀를 끌끌 차는 사람도 자주 볼 수 있습니다. 상대방을 약자로 인식하여 안하무인으로 행동하면 꼴불견입니다.

다가가는 경청과 지지하는 경청

지금까지는 일반적인 커뮤니케이션 상황에서의 경청에 대해 알아보았습니다. 그런데 살아가는 환경이 크게 바뀌면서 최근에는 마음의 병을 앓는 사람이 늘고 있습니다. 나이와 상관없이 정신과에 다니며 일상생활을 해야 하는 사람이 늘면서 가정과 직장에서도 이들을 적절히 대할 필요가 생겼습니다.

지금까지 살펴본 일반적인 경청 지식으로는 이들을 대하기 어렵습니다. 따라서 심리 상담이나 심리 요법에서 쓰이는 전문적인 경청하는 기술의 일부를 알아 둘 필요가 있습니다.

일반적인 경청하는 기술에 더해 다가가는 경청과 지지하는 경청을 습득하면 가족, 친척 중에 치매나 마음의 병을 앓고 있는 사람이 있을 때 도움이 됩니다. 물론 전문가만큼 대응할 수는 없겠지만 어느 정도 쓸모가 있을 것입니다.

● 마음의 병에는 공감과 수용이 중요

말하는 사람은 자신의 감정을 상대방이 받아들였을 때 만족감을 느낍니다. 그런데 듣는 사람은 보통 '그건 좀 아닌데?'라고 느끼는 순간 자신의 의견을 말합니다. 이런 경우 말하는 사람은 자신이 하는 말을 상대가 알아주지 않는다고 느낍니다. 따라서 내가 이해하고 납득한 것이 아니라 상대방이 수용해 주었으면 하는 부분을 우선적으로 받아들여야 합니다. 그러기 위해서는 우선 철저히 경청할 필요가 있습니다. 논리보다는 공감의 맞장구를 치는 것입니다. 당연히 성급한 조언은 하지 않는 편이 좋습니다. 그저 말하는 사람의 말을 되풀이하면서 "○○라고 생각했구나." 하고 덧붙여 주기만 하면 말하는 사람은 내 마음이 통했고, 나를 이해해 주었다는 생각에 만족감이 올라갑니다. 동의는 어려워도 공감은 가능합니다. 한편 수용이란 상대방의 말과 감정 등을 그대로 받아들이는 것을 뜻합니다.

그런데 특히 성실하고 꼼꼼한 성격의 사람들 중에는 듣기만 하는 것이 어려워서 꼭 "있잖아, 하나만 말할게." 하고 의견을 내는 경우가 있습니다. 경청, 공감, 수용만 하면 되는데 이렇게 의견을 내 버리면 모든 노력이 수포로 돌아가고 맙니다. 실수 하나로 말하는 사람의 입장에서는 '실패한 대화'가 되니 주의해야 합니다.

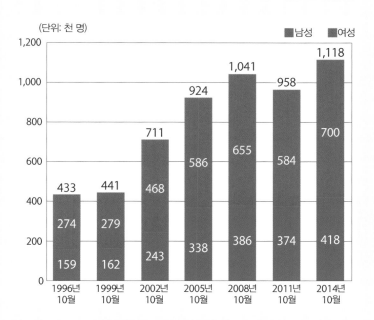

우울증 · 조울증 환자의 수

(단위: 천 명)

■남성 ■여성

일본 후생노동성이 3년마다 전국 의료 시설을 대상으로 실행하고 있는 '환자 조사'에 따른 우울증, 조울증의 총 환자 수 추이를 정리한 데이터입니다. (출처: '우울증 · 조울증 환자 수' 사회 실정 데이터 도록)

심리 상담사와 같이 전문직에 종사하는 사람은 경청하는 기술을 공부하여 상대방의 이야기를 수용하는 훈련을 합니다. 일반인들도 수용 범위를 늘려나가면 좋습니다. 한편 질문하는 기술은 4-8에서 자세히 다루겠습니다.

● 상대방이 아닌 나를 바꾸기

마음에 병이 생기면 상대방은 무엇을 말하고 싶어 하는지, 상대방은 무엇을 하고 싶은지에 대해 민감해집니다. 질문자(나)의 표정, 태도, 말투에 따라 이들의 반응과 대응도 크게 달라집니다. 이들이 답변을 해 줄지, 반응을 해 줄지는 나의 질문에 따라 크게 달라질 수 있습니다. 따라서 나 자신이 바뀌지 않으면 이야기는 진행되지 않습니다. 서로의 관계가 악화되어 오히려 마음의 병이 더 깊어질 수도 있습니다.

마음의 병을 앓는 환자의 주변 사람들과 이야기를 나누어 보면 그 사람의 현재 상태를 받아들이기 힘들었다, 내가 지나치게 힘을 들였다, 내 입장에서만 생각했다, 다가갈 시간이 부족했다고 말합니다. 하지만 당사자가 병원이나 시설의 도움을 받기 전까지 이들을 도와야 하는 것은 우리, 즉 주변 사람들의 몫입니다.

● 남의 고생담은 나중에야 와닿는 법

우리는 남의 고생담을 자신의 사정에 맞추어 흘려듣는 경향이 있습니다. 특히 자신에게 해당하지 않는 이야기라면 더욱 그렇고요. 그런데 '그때 잘 들어 놓을걸…' 하고 후회한 적이 없나요? 조금이라도 나와 관련 있는 이야기라면 경험자의 고생담을 '언젠가 다가올 내 문제'로 여기면서 듣는 것이 좋습니다.

저는 다양한 복지 시설에서 일하는 사람들을 대상으로 인간관계 및 경청 연수를 진행합니다. 이들은 다들 어려움을 겪고 있습니다. 마음가짐, 관점, 환자를 대하는 대응법까지. 이처럼 전문가들조차 마음의 병을 앓는 환자를 상담하는 것은 힘든 일입니다. 연수를 의뢰받을 때도 "우선 기본적인 경청 수업을 하고, 그 다음에는 '시설 직원으로서의' 경청하는 기술과 그 사례를 다뤄 주세요." 하는 요청을 종종 받곤 합니다.

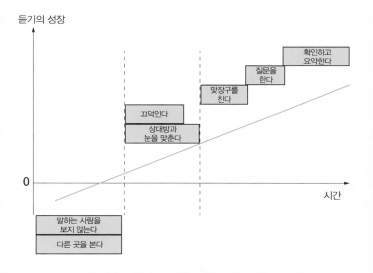

듣기의 성장 곡선

듣기의 성장

확인하고
요약한다

질문을
한다

맞장구를
친다

끄덕인다

상대방과
눈을 맞춘다

0

시간

말하는 사람을
보지 않는다

다른 곳을 본다

'듣기'와 커뮤니케이션은 듣기와 경청뿐 아니라 질문, 확인, 요약까지가 그 범위입니다. 이 요소들을 모두 따로 놓고 보지 말고 서로의 관계성을 의식하면 듣기에 대한 이해가 깊어집니다.

제3장 정리

1 경청은 상대방을 수용하고 존중하는 행위다.

2 세 가지의 듣는 방식
   1 부정적 듣기
   2 긍정적 듣기
   3 적극적 듣기

3 경청하는 사람은 적절히 끄덕이고 맞장구를 잘 친다.

4 규칙적이거나 과장된 끄덕임은 역효과를 낳는다.

5 맞장구의 종류
   동의, 촉진, 정리, 전환, 공감

6 경청하는 능력=끄덕임×맞장구×적극적 듣기

7 듣기와 말하기의 방해 요소
   1 빠른 어조로 질문하기
   2 말을 끊고 끼어들기
   3 이야기 가로채기

8 다가가는 경청, 지지하는 경청이 필요한 시대다.

9 이해와 납득보다 공감과 수용이 필요하다.

10 상대방의 말을 반복하면 상대방에게는 '이 사람이 나를 이해해 주었다'는 만족
    감이 생긴다.

제4장

대화의 연결고리를 만드는 질문하는 기술

모두가 말하는 기술이 뛰어나지는 않습니다. 내가 원하는 정보를 말하는 사람에게서 끌어내기 위해서는 질문하는 기술이 필요합니다. 불쾌함을 주지 않으면서도 정확한 질문하는 기술을 습득하면 말하는 사람도 마음 편히 이야기를 넓혀 나갈 수 있습니다.

그것 참 좋은 질문이네요!

지금까지 일상적인 커뮤니케이션에서 사용하는 듣기의 기본인 상대방의 입장이 되어 듣는 마음가짐(토대), 듣는 기술의 기초(첫인상과 태도), 경청하는 기술 세 가지를 배워 보았습니다. 이제는 더욱 복잡한 커뮤니케이션에 대응하기 위해 말하는 사람은 듣는 사람으로, 듣는 사람은 말하는 사람으로 입장을 바꾸어 커뮤니케이션을 진행해 봅시다.

네 번째로 배울 항목은 바로 질문입니다. 1장에서 다룬 바와 같이 질문은 "설명을 이해하지 못했는데, 뭐 좀 물어봐도 되나요?", "저의 질문에 답해 주시겠어요?"와 같이 사용합니다.

일상생활 속에서 듣기는 듣기(hear), 경청(listen), 질문(ask)의 세 가지 종류로 나누어 사용하고 있다는 것도 배웠죠. 듣기는 흔히 수동적인 행위라고 생각하기 쉽지만 사실 능동적인 행위라는 것을 다시금 짚고 넘어갑시다. 따라서 듣는 사람은 커뮤니케이션에 적극적으로 참여해야 합니다. 듣는 사람이 되었을 때 이야기와 상황에 따라 적절한 질문을 던지면 말하기와 듣기 사이에 연결 고리가 생겨서 커뮤니케이션의 질을 높일 수 있습니다.

● 질문의 목적과 효과

· 모르는 점을 확인하기 위한 질문. 내용을 확인하는 동시에 듣는 사람의 이해도를 높일 수 있다.

· 관련 내용에 대한 질문. 듣는 사람의 질문이 말하는 사람의 이야기를 확장하는 효과가 있다.

· 말하는 사람에게 깨달음을 주기 위한 질문. 이것이야말로 좋은 질문이라 할 수 있다.

- **자유로운 의견을 듣기 위한 폭넓은 질문. (열린 질문)**
- **선택을 요구하기 위한 양자택일의 질문. (닫힌 질문)**

질문은 상호 이해를 도모하고 커뮤니케이션의 질을 높이는 효과적인 방법입니다. 나아가 적절한 질문을 던지면 말하는 사람이 당신을 좋게 평가하게 됩니다.

나의 질문하는 방법을 객관적으로 진단하기

자신이 생각하는 자신의 질문 방법과 그 수준은 어떠합니까? 질문을 하는 빈도나 질문의 난이도 등은 나이 혹은 직업(직종)에 따라 다를 수 있습니다. 하지만 상호 이해를 높이기 위해서 질문은 꼭 필요합니다. 평소에 질문을 별로 하지 않는 사람이라면 이 책을 통해 꼭 익혀 보기 바랍니다.

강연의 마지막 순서로 보통 질의응답을 하는데, 이때 질문하는 사람은 생각보다 적습니다. 그러나 일상생활이나 직장 생활을 위해서는 1장에서 다룬 마음가짐, 듣는 기술의 기초, 경청, 질문을 아우르는 종합적 능력이 필요합니다. 질의응답이 허용되지 않는 상황을 제외하고는 말하는 사람의 이야기에 불명확한 점이 있을 때 적극적으로 질문하여 이해도를 높이는 것이 중요합니다. 물론 악의가 있는 질문이나 요점을 알 수 없는 질문, 강한 자기주장을 포함한 질문은 하지 않아야 합니다.

그렇다면 이제 자신의 질문 수준(방법)을 확인해 봅시다. 질문하는 상황은 일상생활이나 직장 생활 등 다양하겠지만 자신의 평소 모습을 되돌아보면서 자주 있었던 사례를 기준으로 체크해 봅니다.

일대일 대화 속에서의 질문과 여러 명이 있을 때의 질문을 나누어 진단하는 것도 좋습니다. 자가 진단을 벌써 세 번째 하는 것이니 더 이상 '3'을 고를 생각은 하지 않겠지만, 혹시 3을 골랐다면 4에 가까운지 2에 가까운지 다시 생각하며 선택합니다.

5번 항목의 '대화의 폭을 넓히는 질문'의 경우 대화가 끊길 때 흐름을 바꾸는 좋은 질문도 있지만, 되려 대화를 정신없게 바꿔 버리는 나쁜 질문도 포함합니다. 만약 후자라면 주의가 필요합니다. 한편 8번 항목의 '정리 차원의 질문'은 성실한 태도의 질문과 끈질긴 질문으로 나눌 수 있

1	질문 내용을 상대방이 이해하기 쉽게 정리하여 말하고 있다.	5	4	3	2	1
2	질문은 긍정적이며 개선 가능한 내용을 포함하고 있다.	5	4	3	2	1
3	의문, 확인, 제안을 중심으로 질문한다.	5	4	3	2	1
4	제대로 이해하기 위한 확인 차원의 질문을 하는 편이다.	5	4	3	2	1
5	대화의 폭을 넓히는 질문을 하는 편이다.	5	4	3	2	1
6	양자택일의 질문을 하는 편이다.	5	4	3	2	1
7	"그 이유가 무엇인가요?"처럼 이유를 묻는 편이다.	5	4	3	2	1
8	이야기가 정리되지 않을 때 '정리 차원의 질문'을 하는 편이다.	5	4	3	2	1
9	상대방의 이야기를 이해하기 어려울 때 "무슨 말씀을 하시는지 잘 모르겠습니다."라고 말하는 편이다.	5	4	3	2	1
10	상대방의 이야기를 들으면서 "그러니까", "그래서!"라고 말하곤 한다.	5	4	3	2	1
소계						
합계						

5: 아주 잘하고 있다 (5점)   4: 잘하고 있다 (4점)   3: 어느 정도 하고 있다 (3점)
2: 조금 부족하다 (2점)   1: 못하고 있다 (1점)

습니다. 나는 성실한 태도로 질문한다고 생각했는데 그런 나를 바라보는 사람은 '저 사람, 너무 끈질기네.'라고 생각할 수도 있으니 조심해야 합니다.

말하는 사람의 이야기가 끝나기도 전에 질문이나 발언을 하는 사람도 많습니다. 당연히 말하는 사람은 불쾌감을 느끼므로 조심해야 합니다. 더불어 의견을 물었을 때 "뭐, 괜찮지 않나요…?" 하고 건성으로 대답하는 것도 바람직하지 않습니다. '왜 괜찮다고 생각하는지'에 대한 자신의 생각을 똑바로 말해야 합니다.

한편 질의응답 시간에 필요 이상으로 공격적인 말투를 쓰는 사람이 있습니다. 질문이 추궁(상대방의 트집을 잡아 따져 묻는 일)이 되지 않아야 합니다. 저는 그런 공격적인 말투를 들으면 "X 씨, 말투가 조금 공격적으로 들리는걸요?"라고 답합니다. 보통 "네? 그럴 리가 없는데…."라는 반응과 "앗, 제가 그랬나요?"라는 반응으로 갈립니다. 어느 쪽이든 자신이 공격적인 말투를 했다는 것을 인지하지 못하는 모양입니다.

좋은 질문과 나쁜 질문이 있습니다. 좋은 질문을 하기 위한 질문하는 기술을 갈고닦아 봅시다.

듣는 기술은 다섯 가지 포인트의 종합적 능력이다

⑤ 듣기와 말하기를 연결하는
질문하는 기술(확인 · 요약)

④ 더 깊은 이해를 위한
질문하는 기술(질문)

③ 귀를 기울이는 기술(경청)

② 듣는 기술의 기초(첫인상과 태도)

① 상대방의 입장이 되어 듣는 마음가짐(토대)

좋은 질문은 상대방이 미처 이야기하지 못했던 부분, 평소에는 의식하지 못했던 것을 깨닫게 만들어 본심을 이끌어 낼 수 있습니다. 한편 확인 차원의 질문은 오해를 방지할 수 있습니다.

질문하는 방법에 대한 설문조사 결과

이제 질문하는 방법에 대한 설문조사 결과를 봅시다.

①번 항목, '질문 내용을 상대방이 이해하기 쉽게 정리하여 말하고 있는가?'의 경우 '보통이다'라고 대답한 남성이 43.8%, 여성이 44.8%였습니다. 평소에는 의식하면서 질문하지 않겠지만, 말하는 사람이 이해하기 쉽게 질문하는 것도 무척 중요한 일입니다. 이를 위해서는 질문할 내용을 미리 정리할 필요가 있습니다.

②번 항목, '질문은 긍정적이며 개선 가능한 내용을 포함하고 있는가?'에 '그렇다'라고 답변한 남성은 37.4%, 여성은 43.4%였습니다. 이 결과에 따르면 남성이 조금 더 까다로운 질문으로 상대방을 압박하는 경향이 있는지도 모릅니다.

상대방을 압박하기보다는 되도록 긍정적으로, 추후 개선이 가능한 것에 대한 질문을 하는 습관을 들여야 합니다.

④번 항목, '제대로 이해하기 위한 확인 차원의 질문을 하는 편인가?'에는 남녀 모두 50% 이상이 '그렇다'라고 답변했습니다. 원활한 커뮤니케이션을 위해 아주 바람직합니다.

⑤번 항목, '대화의 폭을 넓히는 질문을 하는 편인가?'에 '그렇다'라고 대답한 남성은 29.5%, 여성은 38.4%였습니다. 이러한 질문은 말하는 사람에게 더 많은 정보를 필요로 할 때 유용한데, 여성이 조금 더 능숙한 편인 것으로 나타났습니다.

⑥번 항목, '양자택일로 답해야 하는 질문을 하는 편인가?'에 '네'라고 대답한 남성은 15.3%, 여성은 15.2%였습니다. 이런 방식의 질문을 닫힌 질문(4-4에서 배우게 됩니다)이라고 부르는데 꼭 나쁜 것은 아닙니다. 후술할 열린 질문과 함께 잘 활용하면 됩니다.

'질문하는 방법' 설문 결과

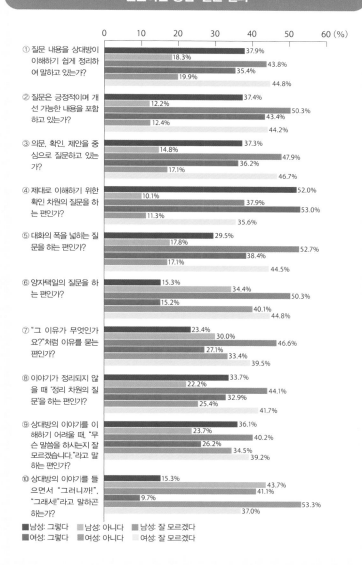

① 질문 내용을 상대방이 이해하기 쉽게 정리하여 말하고 있는가?
- 37.9%
- 18.3%
- 43.8%
- 35.4%
- 19.9%
- 44.8%

② 질문은 긍정적이며 개선 가능한 내용을 포함하고 있는가?
- 37.4%
- 12.2%
- 50.3%
- 43.4%
- 12.4%
- 44.2%

③ 의문, 확인, 제안을 중심으로 질문하고 있는가?
- 37.3%
- 14.8%
- 47.9%
- 36.2%
- 17.1%
- 46.7%

④ 제대로 이해하기 위한 확인 차원의 질문을 하는 편인가?
- 52.0%
- 10.1%
- 53.0%
- 37.9%
- 11.3%
- 35.6%

⑤ 대화의 폭을 넓히는 질문을 하는 편인가?
- 29.5%
- 17.8%
- 52.7%
- 38.4%
- 17.1%
- 44.5%

⑥ 양자택일의 질문을 하는 편인가?
- 15.3%
- 34.4%
- 50.3%
- 15.2%
- 40.1%
- 44.8%

⑦ "그 이유가 무엇인가요?"처럼 이유를 묻는 편인가?
- 23.4%
- 30.0%
- 46.6%
- 27.1%
- 33.4%
- 39.5%

⑧ 이야기가 정리되지 않을 때 '정리 차원의 질문'을 하는 편인가?
- 33.7%
- 22.2%
- 44.1%
- 32.9%
- 25.4%
- 41.7%

⑨ 상대방의 이야기를 이해하기 어려울 때, "무슨 말씀을 하시는지 잘 모르겠습니다."라고 말하는 편인가?
- 36.1%
- 23.7%
- 40.2%
- 26.2%
- 34.5%
- 39.2%

⑩ 상대방의 이야기를 들으면서 "그러니까!", "그래서!"라고 말하곤 하는가?
- 15.3%
- 43.7%
- 41.1%
- 9.7%
- 53.3%
- 37.0%

■ 남성: 그렇다 ■ 남성: 아니다 ■ 남성: 잘 모르겠다
■ 여성: 그렇다 ■ 여성: 아니다 ■ 여성: 잘 모르겠다

열린 질문과 닫힌 질문

우선 기초부터 알아봅시다. 질문을 열린 질문과 닫힌 질문으로 나누어 생각하면 듣기의 포인트를 이해하기 쉽습니다. 열린 질문은 상대방이 자유롭게 답할 수 있는 질문이고, 닫힌 질문은 '예', 혹은 '아니오.'로 대답할 수 있는 질문을 뜻합니다.

① 열린 질문

자유로운 질문이라고 하면 이해가 어려울 수 있지만, 우리가 잘 알고 있는 5W1H를 의식하면서 질문하면 자유로운 답변을 유도하여 대화를 이어나갈 수 있습니다.

● 질문의 여섯 가지 요소

처음으로 취업하여 다른 부서와 함께하는 회의에 참석했을 때의 일입니다. 선배가 던지는 정확하고 날카로운 질문을 보고 떠오르는 것이 있었습니다. 바로 중학교 영어 수업 시간에 배운 5W1H였습니다. 이후 텔레비전 토론회나 회의 등에서 날카로운 질문을 하거나 논리적인 주장을 펴는 사람은 질문할 때 5W1H를 적절히 이용하고 있다는 사실을 알았습니다.

5W1H는 언제(When), 어디서(Where), 누가(Who), 무엇을(What), 왜(Why), 어떻게(How)를 말합니다. 회의에서, 혹은 의견을 나눌 때 5W1H를 고려하여 질문해 봅시다. 평소에 의식적으로 질문의 틀을 만들어 놓으면 질문의 수준이 올라가고 그에 따라 말하는 사람의 설명도 이해하기 쉽게 바뀝니다.

열린 질문은 '5W1H'를 토대로 한다

5W1H	의미	질문의 특징
When	언제	'때'에 대한 질문
Where	어디서	'장소'에 대한 질문
Who	누가	'인물'에 대한 질문
What	무엇을	'대상'에 대한 질문
Why	왜	'이유'에 대한 질문
How	어떻게	'사고방식과 방법'에 대한 질문

질문에 대해 자유롭게 대답할 수 있는 것이 열린 질문의 특징입니다.

열린 질문과 닫힌 질문 구분하기

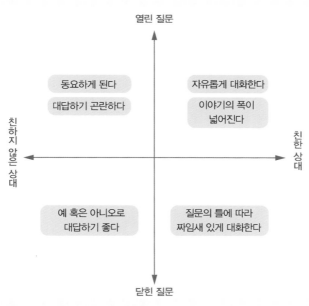

질문의 각 특성을 이해한 후 적절하게 사용해 봅니다.

열린 질문에는 다음과 같은 장점과 단점이 있습니다.

○ 장점
- 일상적인 대화에서 가볍게 말을 걸기 쉽다
- 자유로운 답변이 가능하므로 상대방의 다양한 대답을 들을 수 있다
- 깊이 생각할 수 있는 계기를 만들어 준다
- 상대방은 새로운 깨달음을 얻을 수 있다
- 혼자서는 생각하지 못했던 것을 생각해 보는 계기가 된다

○ 단점
- 끈질기게 질문하면 귀찮아질 수 있다
- 질문받은 자리에서 답변해야 하기에 원하는 대답이 돌아오지 않을 수 있다
- 서로 아는 사이가 아니면 대화가 진행되기 어려운 경우가 있다
- 답변을 듣기까지 시간이 걸린다
- 대화를 잘하지 못하는 사람은 화젯거리가 부족하다

5W1H를 활용할 때는 각각의 특성에 따라 적재적소에 사용해야 합니다. '무엇을', '왜', '어떻게'는 자유롭게 답변할 수 있는 질문이지만 '언제', '누가', '어디서'는 때로는 한정된 답변만 할 수 있다는 것을 의식하고 구분해서 쓰면 됩니다.

회의에서는 의견을 넓혀야 할 때와 좁혀야 할 때가 있습니다. 예컨대 회의를 시작할 때는 '무엇을', '왜', '어떻게'를 사용해 다양한 의견을 이끌어 냅니다. 한편 마무리 단계에서는 '언제', '누가', '어디서'를 사용해 정리하면 좋습니다. 반대로 회의 마무리 단계에서 '무엇을', '왜', '어떻게'를 사용하면 회의 내용을 정리하기 어려우니 주의해야 합니다.

"담당자는 B 씨? M 씨?"는 닫힌 질문이고, "담당자는 누구로 하지요?"는 열린 질문입니다.

● '왜'보다 '무엇을', '어떻게'가 더 좋은 인상을 남긴다

직장에서는 상사가 부하 직원에게 '왜'를 이용해 질문할 때가 많습니다. 그런데 '왜'를 사용하면 부하 직원이 고개를 숙여야 할 것 같은 분위기가 형성됩니다. 예를 들어 "지난번 그 건은 왜 늦어지고 있는 거야?"라고 질문하면 부하는 "죄송합니다." 하고 고개를 떨굴 수밖에 없습니다. 상사는 지연의 원인을 듣고 문제 해결을 위한 조언을 하려고 했어도 부하 입장에서는 혼났다는 기분이 듭니다.

이러한 대화가 되지 않기 위해서는 '왜' 대신에 '무엇을'이나 '어떻게'를 사용하는 게 더 바람직합니다. "지난번 그 건이 늦어진 원인은 뭐였어?", "지난번 그 건은 어떻게 진행되고 있어?"라고 질문하면, 부하 직원은 자연스럽게 "현재는 ○○ 부분에서 차질이 생겨 검토 중입니다. 그래도 주말 즈음에는 정리될 것으로 보입니다."라는 답변을 할 것입니다.

'무엇을'과 '어떻게'는 '왜'보다 잠재적인 문제를 수면 위로 떠오르게 하는 효과가 있습니다. 더불어 상대방을 탓하지 않고 문제를 함께 해결해 보자는 인상을 줄 수 있습니다.

질문하는 방식 하나로 상대방을 위축시킬 수도 있고, 반대로 상대방의 생각을 유도하거나 무언가를 깨닫게 할 수도 있습니다.

② 닫힌 질문

닫힌 질문은 상대방이 '예' 혹은 '아니오'로 대답할 수 있는 양자택일적 질문법입니다. 답변을 빨리 얻을 수 있지만, 계속해서 질문하면 상대방을 질리게 만드는 단점이 있습니다.

○ 장점

- 처음 만나는 사람과의 커뮤니케이션에서 물꼬를 트기 쉽다
- 예 혹은 아니오로 답변을 들을 수 있어서 명확하다
- 여러 질문에 대한 답변을 빠르게 확인할 수 있다
- 상대방의 동의를 하나하나 얻어 가며 이야기를 진행할 수 있다

'왜'보다 '무엇을', '어떻게'!

일어난 문제를 해결하는 것이 최우선입니다. 이를 위해서는 '무엇을'과 '어떻게'를 사용한 질문이 효과적입니다.

○ 단점
- 질문이 집요하면 추궁당하는 기분이 들 수 있다
- 닫힌 질문만으로는 폭넓은 대화가 어렵다
- "어느 쪽도 아니에요."라는 답변이 오면 당혹스러울 수 있다

닫힌 질문을 할 때는 '예'라는 답변을 강요하지 않도록 주의해야 합니다. 영업 사원이 '예'를 강요하는 듯한 질문을 쏟아부어 질색했던 경험이 있을 것입니다. 닫힌 질문은 열린 질문과 같이 사용할 때 대화를 더 풍성하게 만들 수 있습니다.

예를 들어 처음 만나는 상대와 학회 쉬는 시간에 대화를 나눈다고 가정해 봅시다. 아래와 같이 닫힌 질문과 열린 질문을 함께 사용하면 원활하게 대화를 이어 나갈 수 있습니다.

A: 오늘은 비행기로 오셨어요? (닫힌 질문)

B: 네, 맞아요.

A: 언제 돌아가실 예정이세요? (열린 질문)

B: 학회가 끝나고 근처에서 1박한 다음에 좀 쉬다가 가려고요.

A: 그거 좋네요. 이 근방 온천이 유명하잖아요. 혹시 온천이 딸린 숙소에 묵으시나요? (닫힌 질문)

B: 예, 그러려고요.

무의식적으로 이렇게 대화를 이끌어 나가는 사람도 있겠지만, 그렇지 않다면 의식적으로 노력해야 합니다.

닫힌 질문의 예

열린 질문과 닫힌 질문을 섞어 가며 질문하면 더 깊이 있는 질문을 할 수 있습니다.

능숙하게 질문하는 기술 익히기

사실 저는 서른 살이 되기 전까지 '차분하게 질문하기'를 의식해 본 적이 없습니다. 주위 사람들은 어떠한지 떠올려 봅시다. 경험에 비추어 보면, 질문을 할 때 말이 빨라지고 공격적으로 변해 심문에 가까운 어투를 구사하는 사람이 적지 않습니다. 하지만 질문은 상호 이해를 위해 하는 것이므로 우선은 차분한 마음가짐이 필요합니다.

물론 까다로운 질문을 해야 할 때도 있습니다. 하지만 처음부터 공격적으로 질문하면 상대방의 태도도 방어적으로 변합니다. 내가 기대하는 답변을 얻지 못할 확률이 높아집니다. 또한 앞으로도 계속 관계를 이어가야 하는 사람이라면 서로의 감정과 관계에도 악영향을 끼칠 수 있습니다.

까다로운 질문을 해야 할 때는 감정적으로 말하지 않도록 하면서 최대한 논리적으로 질문하여 좋은 답변을 유도해야 합니다. 질문하기 전에 잠시 숨을 고르고, 차분히 질문하자고 의식하며 질문을 던지면 상대방 역시 까다로운 내용의 질문도 편한 마음으로 답변할 수 있습니다.

한편 열변을 토하며 질문하는 사람도 있는데, 이런 경우에는 평가가 갈립니다. 열심히 질문하는 사람이라는 긍정적인 인상을 줄 때도 있지만, '질문하는 척하면서 자기주장만 펼 뿐'이라는 부정적인 인상을 줄 수도 있습니다.

● 이해하기 어려운 질문은 삼가라

저는 프레젠테이션 기술 등의 말하기 연수에서 참가자가 질문하는 시간을 꼭 마련합니다. 그러면 그전까지 능숙하게 프레젠테이션을 했던 사람도 질문을 할 때는 내용을 정리하지 못하거나 장황해지는 경향이 있습니다. 때에 따라서는 여태까지 질문을 해 본 적이 없는 건가 싶은 사람이

공격적이거나 기분 나쁜 질문은 상대방을 위축시키고 경계심을 키워 유익한 정보를 얻지 못할 수 있습니다.

참가자의 절반을 넘길 때도 있습니다.

연수는 질문하는 기술을 훈련하는 시간이므로 문제가 없지만, 회의에서 질문을 제대로 하지 못하면 곤란한 상황이 생길 수 있습니다.

좋은 질문을 하기 위해서는 평소에 해당 주제에 대한 관심과 의문을 갖는 것이 중요합니다. 그러면 자연스럽게 질문의 내용이 정리가 됩니다. 질문을 미리 정리하다니, 번거롭다고 생각하는 사람도 있겠지요. 하지만 관심이 없는 일에는 날카로운 질문을 할 수 없는 법입니다.

지금까지 연수를 진행하면서 참가자에게 설문조사를 받아 왔는데, 내가 뭘 알고 뭘 모르는지 파악하지 않으면 좋은 질문을 할 수 없다고 답한 글이 많았습니다. 주제에 대한 관심과 의문이 얼마나 중요한지 말해 주는 결과입니다.

사회 초년생들은 상사와 선배에게 쉽게 질문했다가 그 질문의 허점을 지적당하곤 합니다. 직접 조사해 보지도 않고 쉽게 질문하면 상사와 선배는 이를 쉽게 간파할 수 있습니다. 질문할 때는 '나는 어디까지 알아보았으며, 어떻게 이해했는가'를 알 수 있도록 정리해야 합니다.

또한 평소부터 느끼고 있던 의문점을 정리해 두면 다른 사람의 이야기나 질문을 통해 어렵지 않게 답을 찾는 경우도 생깁니다.

질의응답 시간은 말하는 사람에게 받은 시간입니다. 이렇게 생각하면 시간을 허투루 쓸 수 없겠죠. 준비되지 않은 질문이나 장황한 질문은 모두 상대방의 부담으로 돌아갑니다. 가급적 간결하게 질문하도록 노력해야 합니다.

● 질문의 타이밍

질문하는 타이밍도 아주 중요합니다. 너무 빠르면 "조금 더 생각하고 물어봐야지."라는 말을 듣기 십상이고, 또 너무 오랫동안 혼자 생각하다 물어보면 "왜 진작 물어보지 않았어?"라는 말을 듣게 됩니다. 참 까다롭습니다. 너무 빠르지도 너무 늦지도 않은 중간이 옳은 타이밍이겠지만, 중간 중에서도 살짝 빠른 중간과 느린 중간이 있다면 빠른 중간이 가장

사전 조사의 중요성

조금만 알아보면 알 수 있는 것은 질문하기 전에 미리 조사하는 것이 좋습니다. 상대로 하여금 '그런(수준 낮은) 질문을 하다니'라는 생각이 들게 하는 질문은 피합니다.

좋습니다. 질문을 쌓아 두고 의문을 품은 채로 일을 진행하는 것은 바람직하지 않기 때문입니다. 참으로 번거롭지만, 상대방의 성격을 파악하는 것이 가장 중요합니다. 또한 긴급하게 물어봐야 하는 질문은 예외적으로 빠를수록 좋습니다.

● 좋은 질문을 위한 메모의 기술

강연회 등에서 말하는 사람이 말하는 내용을 수첩에 적는 사람들이 많습니다. 그런데 그 수첩이 정말 도움이 됩니까? 혹시 메모하느라 정신이 팔려서 오히려 이야기에 집중하지 못한 적은 없습니까? '어라, 방금 무슨 이야기가 지나간 거지?' 하며 당황한 경우도 있을 것입니다. 신기하게도 그런 타이밍에 꼭 중요한 이야기가 나오곤 합니다.

젊은 시절, 말하는 사람에게 질문을 했는데 "그건 방금 U 씨가 질문한 내용이잖아요."라고 지적받은 적이 있습니다. 메모하는 데 급급해서 그런 질문이 있었는지조차 몰랐습니다. 쓰라린 경험입니다. 메모에 지나치게 집중해 매몰되는 것은 바람직하지 않습니다.

메모가 무조건 나쁜 것은 아닙니다. 단지 요령이 필요할 뿐입니다. '뭐든지 메모하기'가 아니라 이야기를 들으면서 중요한 포인트만 적는 것입니다.

저는 들을 때 제목과 포인트 하나 정도만 재빨리 메모합니다. 단서가 될 만한 포인트가 없으면 떠올리기 어려우므로 간단한 포인트를 함께 적는 것입니다. 이렇게 적으면 나중에 다시 보면 신기하게도 이야기의 전후 내용이 떠오릅니다. 메모를 잘 하는 습관만 들여 놓아도 그 습관은 당신의 강점이 될 것입니다.

메모를 잘 해 놓으면 질문에도 도움이 됩니다. 이야기를 들으면서 의문점이 생기면 그것을 적어 놓고, 그 의문점을 말하는 사람에게 어떻게 질문할지 적는 것입니다. 이때 말하는 사람이 답변하기 쉽도록 말하는 사람의 입장이 되어 생각하는 것이 중요합니다.

메모는 수단이지 목적이 아니다

메모에 정신이 팔려서 말하는 사람의 이야기를 놓치면 본말이 전도된 꼴입니다.

● 받을 질문을 예상하고 답을 준비하기

회의 등의 자리에서 질문을 받을 때도 있습니다. 이때는 회의 전에 예상 문답을 준비하는 것이 좋습니다.

제가 사회 초년생이었을 때의 일입니다. 사무팀의 까탈스러운 부장이 기술팀에 소속된 제게 직접 이야기를 듣고 싶다고 하여 찾아간 적이 있습니다. 제게 질문을 퍼부을 거라고 생각했기에 예상 질문에 대한 답변을 준비해 갔습니다.

예상대로 그는 기술 부문에 대한 불만으로 가득한 질문을 퍼부었지만, 8할 정도는 예상했던 것들이어서 무난히 설명할 수 있었습니다. 사회 초년생이라 필사적으로 대답했던 기억이 납니다. 까탈스럽기로 유명한 부장은 '내 질문에 빠짐없이 대답하다니!' 하는 생각으로 분에 찬 듯한 표정이었지만, 제가 제대로 된 대답을 하지 못해 불평불만을 듣는 것보다는 훨씬 다행이라고 생각했습니다.

● 바람직하지 않은 질문과 바람직한 질문의 예

상호 이해가 깊어지기 위해서는 상대방의 이야기를 경청해야 할 뿐 아니라 의문점을 질문하는 것도 중요합니다. 그런데 질문 방식과 내용에 따라 그 효과가 달라질 수 있습니다.

12살 소년 A가 방과 후 집에 돌아왔을 때 엄마와 하는 대화를 예시로 들겠습니다.

A: 오늘 학교에서 W랑 축구 이야기를 했는데 너무 재밌었어.
엄마: W는 전에 너랑 싸웠다는 친구 아니니?
A: 응? 그건 맞는데…. (표정이 어두워진다)

엄마는 A의 이야기를 듣고 있지만, '이야기가 즐거웠다'에 대한 반응이 아니라 "그때 그 W?"라는 확인 질문을 했습니다. A 입장에서는 그 말을 하려고 이야기한 게 아닌데 원하는 반응을 받지 못해 풀이 죽고 맙니

질문을 받을 때는 상대방의 입장이 되어 '나라면 이런 질문을 하겠지' 하고 상상해 봅니다.

다. 게다가 이후에는 "또 싸우는 거 아냐? 조심해."라는 잔소리까지 나올 수도 있습니다.

이 질문은 A가 엄마에게 듣고 싶은 말이 아닐뿐더러 A의 이야기를 제대로 듣지 않고 엄마가 신경 쓰이는 부분만 질문한 '바람직하지 않은 질문'의 예입니다.

좋은 질문은 말하는 사람이 이야기한 내용과 이어지는 질문입니다. 그리하여 말하는 사람에게서 새로운 이야기를 이끌어 내는 질문입니다. 예를 들면 다음과 같습니다.

○ 사례1

상대방: 오늘은 귀가가 늦어질 거야.

나: 그러면 저녁은 집에서 안 먹어? 아니면 가벼운 거라도 준비해 둘까?

○ 사례2

상대방: 그러면 이 건은 이번 달 10일까지 부탁드려요.

나: 10일 몇 시까지로 생각하면 될까요?

○ 사례3

상대방: 네. 제가 해 놓겠습니다.

나: 그러면 C 씨에게 보낼 메일이랑 물품 발주, D 씨에게 드릴 보고까지 맡겨도 될까?

애매한 표현은 피한다

커뮤니케이션에서는 나와 상대방의 이해 차이에서 문제가 생기는 경우가 많습니다. 질문을 통해 상호 이해를 높이면 설명이 이상하다, 그런 이야기는 들은 적이 없다 하는 식으로 갑론을박하며 서로를 탓할 일도 벌어지지 않습니다.

우리의 질문은 어떠한가

이 책의 집필에 앞서 몇몇 대학생과 사회 초년생에게 질문에 대한 생각을 물었습니다. 그 대답의 일부를 소개합니다.

● **질문을 잘하는 사람과 못하는 사람의 양극화**

초등학생 때는 수업 시간에 모르는 부분이 있으면 "선생님, 잘 모르겠어요."라고 질문하여 답을 얻었습니다. 그런데 고등학생이 되자 "조금 더 스스로 생각해 보렴."이라는 말을 듣게 되어 질문하는 횟수가 줄어들었던 기억이 있습니다.

대학생이 되고 나서는 강의 중에 질문했다가 "그건 조금 뒤에 설명할 겁니다."라는 핀잔을 듣거나, 혼자서 고민하다 교수님의 말을 미처 듣지 못하고 질문해서 "그건 방금 설명한 내용이 아닌가요?"라고 혼난 경험도 있습니다. 현재 대학생들은 '적당한 타이밍에 질문하는 사람'과 '아예 질문하지 않게 된 사람'으로 나뉩니다. (N 씨)

● **지식과 이해력 부족으로 질문이 어렵다**

듣는 내용에 대한 기초 지식이나 이해력이 부족하면 뭘 모르는지조차 알 수 없는 상태가 됩니다. 또한 기초적인 질문 방법을 모르는 사람도 많습니다. 예를 들어 잘 모르는 내용에 대해서 들을 때는 이야기를 따라가는 것만으로도 너무 바빠서 질문을 할 여유를 가지기란 불가능합니다.

그야말로 총체적인 난국입니다. 이것은 비단 중고등학생만의 문제가 아니며 신입 사원 연수에서도 이러한 내용을 다루는 회사가 있을 정도입니다. 저는 취업 준비를 시작하기 2년 전부터 질문하는 기술을 터득하기 시작할 필요가 있다고 느꼈습니다. (H 씨)

이야기를 이해하지 못한 상태에서 질문도 하지 않고 강의를 듣기만 한다면 더더욱 미궁에 빠질 뿐입니다. 모르는 부분은 메모를 해 두고 나중에 꼭 질문합니다.

● 평소에 하는 훈련이 좋은 질문을 만든다

평소에 타인의 이야기를 아무 생각 없이 듣기만 한다면 막상 질문해야 할 때 뭘 어떻게 해야 할지 망설이게 됩니다. 그래서 저는 강연회 등에 참석할 때 들으면서 궁금한 점을 함께 메모합니다. 바로 답을 얻지는 못해도 내 '궁금증 안테나'에 걸려든 일들을 적어 두면 관련된 정보가 있을 때 바로 눈에 들어오니까요.

그렇다고 무리하게 질문할 기회를 만들 필요는 없다고 생각합니다. 스스로 조사해서 알 수 있는 일은 조사해 보면 되기 때문입니다.

시작한 지 오래되지는 않았지만, 매일 연습하는 것이 가장 효과적이라고 생각해서 훈련을 계속하고 있습니다. (E 씨)

● 질문은 관심의 표시

제가 다니는 회사는 신입 사원 때부터 다양한 연수를 통해 학습을 도모합니다. 강사들은 강의 시간에 "질문 있으신가요?" 하고 물어보곤 하는데, 참가자들은 질문해서 눈에 띄고 싶지는 않다고 생각하고, 이런 질문을 했다가 바보 취급 당하면 어쩌나 하고 걱정하는 경우도 많습니다.

반대로 강사 입장에서는 질문이 없다면 서운할 것 같습니다. 강사가 '내가 이해하기 쉽게 설명해서 질문이 없구나' 하고 생각할 리 없기 때문입니다. 만약 제가 강사라면 참가자들이 내 이야기를 안 들은 걸까, 혹은 강의가 이해하기 어려웠나 하는 생각이 들 것 같습니다.

비단 강의에만 국한된 이야기가 아닙니다. 일상 대화도 똑같지 않을까요? 상대방의 이야기를 '응, 응' 하고 끄덕이면서 듣기만 한다면 말하는 사람은 불만이 생길 겁니다. 반면 대화하면서 "그건 ○○를 말하는 거야?", "앗, 그 이유는 뭐야?", "○○○에 대한 건 고려한 거야?" 등의 반응이 있다면 이 사람은 제대로 이해하려고 노력한다고 느낄 것입니다.

다른 사람의 이야기를 듣다 보면 자기 이야기를 하고 싶어지는 법입니다. 하지만 남의 이야기를 가로채 자신의 이야기로 바꿔치지 않도록 주의가 필요합니다. 이를 위해서는 "실은 내가 말이야," 하고 이야기를 가로

자신과 관련 있는 일에는 자연스럽게 관심이 가게 됩니다.

채지 말고 "그러네요. 저도 그렇게 생각해요. 그래서 그 다음에는 어떻게 되었나요?" 하고 상대에게 던지는 질문으로 이야기를 이어가는 것이 좋습니다.

지금까지는 저도 무언가를 말해야 한다는 강박이 있었는데, 앞으로는 다른 사람이 이야기할 때는 경청과 관심의 증표인 '질문'을 하려고 합니다. (J 씨)

● **적절한 타이밍에 질문하는 것이 어렵다**

질문은 내용도 중요하지만, 타이밍도 중요하다고 생각합니다. 바쁘게 일하고 있을 때 갑자기 상사가 "저번 '그 건' 말인데, 자료조사는 진행되고 있어?"라고 물어봐서 당황한 적이 있습니다.

처음에는 아는 척하면서 이야기했지만, 결국에는 '그 건'이 무엇인지 알 수 없어서 "죄송합니다. '그 건'이 뭔가요?"라고 물어서 혼날 뻔한 적이 있습니다. 재빨리 확인하지 못한 제 잘못입니다. 앞으로 후배가 생기면 적절한 타이밍에 던지는 질문의 중요성을 알려 주려 합니다. (W 씨)

확인 없이 대화를 진행하면 일어나는 일

제대로 확인하지 않고 이야기를 계속하다가 나중에서야 첫 단추를 잘못 꿰었다는 것을 깨달을 때가 있습니다. 애매한 이야기는 반드시 그 자리에서 확인합니다.

대답을 얼버무리면 나쁜 인상을 남긴다

구매한 상품 혹은 서비스에 문제가 발생하거나 궁금한 점이 생겨서 고객 상담실에 연락한 경험이 한 번쯤은 있을 것입니다. 이때 상담사를 통해 문제가 해결되기도 하지만, 상담사가 내가 던진 질문과는 관련 없는 답변을 던지다가 결국 문제가 해결되지 않는 경우가 있습니다. 얼버무리는 대답이란 질문에 대한 대답을 정확히 하지 않고 일반적인 상황을 설명하거나 감사의 말 따위로 대충 넘어가는 것을 말합니다.

A 씨는 다이어트를 위해 쉬는 날마다 자전거를 타기로 했습니다. 그런데 최근에 자전거와 보행자 간 접촉 사고로 인한 문제가 늘어나고 있다는 뉴스를 보게 됩니다. 수억 원 대의 손해 배상 책임을 져야 하는 사례도 있었습니다. 그래서 A 씨는 보험사에 자신이 든 보험에 자전거 관련 보장이 있는지 확인하기로 했습니다. 이미 보험 내용에 포함되어 있다면 안심하고 자전거를 탈 수 있고, 그렇지 않다면 보험을 새로 들 생각이었기 때문입니다.

A 씨는 단순히 자신의 보험에 자전거 보장이 '포함되어 있는지 아닌지'를 알고 싶었을 뿐입니다. 그런데 보험사에서는 장문의 계약 내용 일부를 메일로 보내왔습니다. 누가 보아도 '알아서 읽고 판단하시오'라고 느껴지는 대응이었습니다. 계약 내용을 파악하기 힘들어서 물었는데 이런 답변이 오다니, 믿을 수 없다고 A 씨는 생각했습니다.

추측건대 보험사의 담당자는 보장 포함 여부를 확실히 대답했다가 그 결과로 지게 될 어떠한 책임이 두려운 것일지도 모릅니다. 포함되는지 여부만을 대답해 주면 되는 일인데 이것이 소위 고객 상담실의 대응이라고 생각하기에는 놀라운 일입니다.

그러고 보면, 국회에서 질문자의 물음에 똑바로 대답하지 않아서 "지금 말씀하신 답변은 질문에 대한 대답이 아닙니다. 똑바로 답변해 주세요."라고 지적을 당하는 장면을 종종 보기도 합니다.

질문에 대한 대답을 얼버무리면 상대방은 무시당했다는 기분이 듭니다. 어떤 이유에서든, 질문에 대답하고 싶지 않다면 대답하고 싶지 않다고 정직하게 이야기해야 합니다.

마음의 병을 앓는 상대방에게 어떤 질문을 해야 할까

3-7에서 마음의 병을 앓는 사람을 대하는 전문적인 경청에 대해 일부 소개했는데, 이번에는 질문에 대해서도 설명하겠습니다. 대화 상대가 마음의 병을 앓는 사람이나 고령자이기에 여기서는 질문 대신 이야기라는 표현을 사용하겠습니다.

병의 상태에 따라 다르겠지만 일상적인 대화가 가능한 사람들도 많기에 그날의 건강 혹은 컨디션에 대해 이야기하거나, 텔레비전 프로그램 이야기를 하면서 묻고 대답하는 대화를 하면 '내 얘기를 잘 들어 주는구나. 날 이해해 주고 있구나' 하고 상대방도 안심하게 됩니다. 만약 상대방이 가족이라면 상대방의 변화를 더 정확히 알 수 있으니 그날의 몸 상태나 기분에 맞추어 대화하면 상대방도 대화를 쉽게 받아들일 수 있습니다. 이때 4-4에서 다룬 닫힌 질문을 활용하면 상대방도 답변에 대한 부담이 적습니다.

예를 들어 "잘 주무셨어요?", "○○에 대해서 물어 봐도 되나요?" 하고 질문하면 "잘 잤어요(못 잤어요).", "좋아요(싫어요)."와 같은 일문일답이 되어 대화가 한결 가벼워집니다. 이렇게 대화의 물꼬를 트고, 다음에 소개하는 방법대로 대화를 진행하면 됩니다.

● 상대에게 부담을 주지 않는 일곱 가지 이야기

137쪽에서 소개하는 일곱 가지 이야기는 상대방의 상태를 파악하는데 효과적입니다. 상대가 처음 만나는 사람이라면 ①번부터 차례대로 이야기하면 좋습니다.

상대방이 좀처럼 말을 이어 나가지 못할 때 이야기를 유도하거나 들은 이야기를 정리해 주면 자신의 이야기를 잘 듣고 이해하려 한다는 사실을

고령자의 경우에는 열린 질문 대신 닫힌 질문부터 시작해야 대화에 대한 부담이 적습니다.

느낄 것입니다.

마음의 병을 앓고 있는 사람에게는 평소보다 더 천천히, 부드러운 말투로, 대답하기 쉽게 질문해야 합니다. 또한 질문할 때는 상대방에게 대답을 요구하는 듯한 인상을 주어서는 안 됩니다.

또한 나이가 들면 이야깃거리가 부족해져서 같은 이야기를 반복하곤 하는데, 병이 악화되면 더 자주 반복합니다.

같은 이야기를 하는 이유는 말한 것을 기억하지 못하고, 이야깃거리가 부족하며, 자신의 이야기가 잘 전달되지 않은 것 같다고 생각하기 때문입니다. 어떤 이유에서든 근본적으로 질병 때문이므로 듣는 사람이 잘 받아들이는 수밖에 없으며, 그것이 곧 배려입니다.

마음의 병을 앓고 있는 사람을 대할 때는, 이 대화로 내가 받은 스트레스를 풀 방법도 미리 준비하는 편이 좋습니다.

제가 아는 상담사는 본인도 정기적으로 상담을 받으러 다닌다고 했습니다. 이 사람은 학교에서 상담 일을 하는데, 상담사는 스트레스를 무척 많이 받는 직업이라고 합니다. 상담을 받는 사실을 저에게 슬쩍 털어놓으면서 "그만큼 힘든 일이야."라고 말했던 것이 지금까지 기억 납니다.

상대방에게 부담을 주지 않는 일곱 가지 이야기

① 가벼운 주제의 이야기로 시작하기
"오늘은 날씨가 따뜻해서 좋네요."

② 제대로 듣고 있다는 것을 전하기
"텔레비전에서 나오는 노래가
흥겨웠나 봐요."

③ 이야기를 확장시키는 주제
"어떤 노래를 좋아하세요?"

④ 자신감을 불어넣는 이야기
"그림을 굉장히 잘 그리시네요!"

⑤ 발상을 전환하는 이야기
"못 걷겠다고 하셨는데, 걸으셨네요!"

⑥ 목표를 높여 주는 이야기
"내일은 집에서 말고 밖에서도
걸어 볼까요?"

⑦ 머릿속을 정리하게 돕는 이야기
"아무거나 좋으니까 신경 쓰이는
일을 말해 보세요."

능숙한 질문은 상대방의 마음의 벽을 조금씩 낮출 수 있습니다.

지금까지 익힌 듣는 기술 총정리

5장을 읽기에 앞서, 1장에서 4장까지의 내용을 복습하면서 이해한 내용을 확실히 '내것'으로 만들어 봅시다. 복습 없이 6장까지 읽어도 괜찮지만, 한 번 정도 다시 짚어 보는 것을 추천합니다.

1장에서 4장까지의 내용을 요약한 다음의 내용들, 즉 포인트를 개별적인 기술이라고 생각하지 말고 하나의 세트, 혹은 각 장의 내용을 모두 곱한다고 생각하면 좋습니다.

● 포인트

① 상대방의 입장이 되어 듣는 마음가짐(토대)

듣기, 말하기 모두 동일합니다. 특히 듣기의 경우 상대방의 입장에서 생각하는 것이 무척 중요합니다. 가볍게 생각하다가는 큰코다칠 수 있습니다.

② 듣는 기술의 기초(첫인상과 태도)

듣는 태도가 나쁘면 듣는 기술 전반에 악영향을 끼칠 수 있으니 주의해야 합니다. 나는 듣고 있다고 생각할지라도 타인은 나의 태도를 보고 판단합니다.

③ 귀를 기울이는 기술(경청)

타인의 말에 귀를 기울이는 것이 중요합니다. 이야기를 들으며 끄덕이는 행동, 동의 · 촉진 · 정리 · 전환 · 공감을 표현하는 맞장구, 적극적 듣기를 모두 합해야 경청하는 능력이라 할 수 있습니다.

④ 더 깊은 이해를 위한 질문하는 기술(질문)

상호 이해를 높이기 위한 중요한 방법입니다.

5장으로 넘어가기 전에 1장에서 4장까지의 내용을 다시 정리해 봅시다. 잘하지 못하고 있던 부분, 어려운 부분이 있다면 집중적으로 보강합니다.

제4장 정리

1 질문은 말하는 사람과 듣는 사람의 이해도를 높인다.

2 자유로운 질문(열린 질문)의 여섯 가지 요소 '5W1H'
   1 언제(When)   2 어디서(Where)   3 누가(Who)
   4 무엇을(What)   5 왜(Why)   6 어떻게(How)

3 양자택일형 질문(닫힌 질문)이란 예 혹은 아니오로 답변 가능한 질문을 말한다.

4 질문은 부드럽게 한다.

5 질문을 쌓아 두면 상대방에게 부담이 되므로 적절한 타이밍에 해소해야 한다.

6 좋은 질문은 간결하고, 이해하기 쉽고, 구체적이다.

7 좋은 질문을 하려면 평소부터 질문을 정리하고 적절한 타이밍에 던지는 연습을
   해야 한다.

8 질문을 받을 입장일 때는 예상 문답을 준비한다.

9 질문이 추궁이 되지 않도록 주의한다.

10 마음의 병을 앓는 사람에게 사용하는 전문적인 질문하는 기술을 배워야 한다.
   상대의 마음을 어루만지는 일곱 가지 이야기의 포인트를 익힌다.

제5장

말하는 사람을 돕는
확인·요약의 기술

이야기가 진전될수록 어디가 가장 중요한 포인트였는지 애매
해질 때가 있습니다. 이야기의 본질을 놓치지 않기 위해서는
확인·요약의 기술이 꼭 필요합니다. 상호 이해가 더욱 깊어
질 뿐 아니라 중요한 부분을 정확히 파악하여 오해를 방지할
수도 있습니다.

듣는 사람이 요약해야 하는 이유

조리 있게 말하지 못하는 사람도 있습니다. 그럴 때는 "무슨 말인지 이해가 안 가는데, 한 번 더 설명해 주세요."라고 하는 것보다 듣는 사람인 내가 이해한 내용을 요약하여 확인하는 것이 좋습니다. 그러면 말하는 사람이 처음부터 다시 이야기할 필요가 없이 대화를 이어 나갈 수 있으며, 분위기도 해치지 않을 수 있습니다. 결국 말하는 사람은 조리 있게 이야기하지 못했어도 요점을 전달할 수 있고, 그는 나를 높이 평가하게 되며, 짧은 시간에 이야기를 더 진전시킬 수 있습니다. 이것이 바로 윈윈(win-win)이 아닐까요?

듣는 기술은 다섯 가지 포인트의 종합적 능력이다

⑤ 듣기와 말하기를 연결하는 질문하는 기술(확인 · 요약)
④ 더 깊은 이해를 위한 질문하는 기술(질문)
③ 귀를 기울이는 기술(경청)
② 듣는 기술의 기초(첫인상과 태도)
① 상대방의 입장이 되어 듣는 마음가짐(토대)

요약은 양쪽 모두에게 유용합니다. 요약은 듣기와 말하기 사이에 연결고리를 지어 주므로 이야기를 이어 나가기 쉬워집니다.

질문 자체는 좋지만, 질문 공세는 기피 대상입니다. 말하는 사람이 이야기한 내용을 요약하여 재확인하는 것도 영리한 방법입니다.

나의 확인·요약 방식을 객관적으로 진단하기

이번에는 말하는 사람의 이야기를 제대로 요약하고 있는지 확인해 봅니다. 요약이 아니라 부분적인 질문만 하는 사람도 있습니다. 의문점이 생겨도 '별 문제 있겠어?' 하며 지나치는 사람도 있을 것입니다. 다음 항목을 통해 자가 진단을 실시해 봅니다.

이야기를 들으며 요약하고 있는가?

말하는 사람의 이야기가 서투를 때는 듣는 사람이 이야기를 요약하여 요점을 서로 짚고 넘어갈 수 있습니다.

'확인·요약 방식' 자가 진단 체크리스트

1	대화 후에 상대방의 이야기를 짧은 문장으로 요약할 수 있다.	5	4	3	2	1
2	들은 이야기를 그림으로 정리하는 편이다.	5	4	3	2	1
3	들은 이야기를 한마디로 정리하는 편이다.	5	4	3	2	1
4	회의를 진행하거나 정리하는 데 자신이 있다.	5	4	3	2	1
5	회의나 보고가 끝난 후에 내용을 간결하게 정리할 수 있다.	5	4	3	2	1
6	다른 사람이 한 이야기를 그 자리에서 바로 요약하여 확인한다.	5	4	3	2	1
7	논리적으로 사고하는 편이다.	5	4	3	2	1
8	발언을 짧게 하는 편이다.	5	4	3	2	1
9	결론부터 말하는 편이다.	5	4	3	2	1
10	기억력이 좋은 편이다.	5	4	3	2	1

소계 [ ][ ][ ][ ][ ]

합계 [ ]

5: 아주 잘하고 있다 (5점)　4: 잘하고 있다 (4점)　3: 어느 정도 하고 있다 (3점)
2: 조금 부족하다 (2점)　　1: 못하고 있다 (1점)

확인 · 요약 방식에 대한 설문조사 결과

확인 · 요약 방식에 대한 설문조사 결과를 보겠습니다.

③번 항목, '들은 이야기를 한마디로 정리하는 편인가?'는 '아니다'라고 대답한 남성이 37.6%, 여성이 52.8%였습니다. 이 조사 결과를 보면, 여성이 이야기를 정리하지 않고 대화를 이어 가는 경향이 있다는 것을 알 수 있습니다. 이야기를 정리하는 것은 나중에 오해가 생기지 않도록 방지하는 데 무척 중요한 일입니다.

④번 항목, '회의를 진행하거나 정리하는 데 자신이 있는가?'에 '그렇다'라고 대답한 사람은 남성이 16%, 여성은 10.8%였습니다. '아니다'라고 대답한 남성은 47.6%, 여성은 56.9%로 자신이 없는 사람이 꽤 많았습니다. 회의 진행자가 이야기를 잘 요약하면 참가자들이 내용의 핵심을 파악할 수 있다는 장점이 있는데 말입니다.

⑤번 항목, '회의나 보고가 끝난 후에 내용을 간결하게 정리할 수 있는가?'에는 '그렇다'라고 대답한 남성이 32.5%, 여성 28.7%로 예상보다는 수치가 낮았습니다. 물론 기억력이 좋으면 좋은 일이지만 사람이니만큼 착각하는 부분이 생길 수 있으므로 간결하게라도 기록하는 습관을 들여야 합니다.

⑦번 항목, '논리적으로 사고하는 편인가?'에는 '그렇다'라고 답변한 남성이 48.0%, 여성이 32.9%였습니다. 남성이 여성보다 스스로를 논리적이라고 여기는 경향이 있다는 것을 알 수 있었습니다.

⑧번 항목, '발언을 짧게 하는 편인가?'는 자신이 느끼는 바와 남이 느끼는 정도가 크게 달라질 수 있는 항목입니다. 과반수의 남성이 '나는 짧게 말하는 편이다'라고 생각하고 있었습니다.

⑨번 항목, '결론부터 말하는 편인가?'는 '잘 모르겠다'라고 답변한 남성이 52.1%, 여성이 48.9%였습니다. 이 결과를 보면 사람들이 결론부터 말하는 것에 대해 그다지 의식하지 않음을 알 수 있습니다.

'확인 · 요약 방식' 설문조사 결과

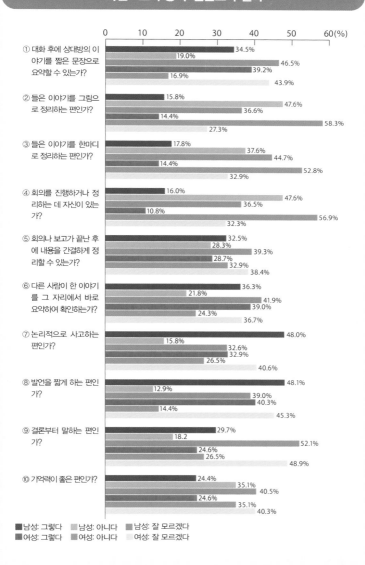

① 대화 후에 상대방의 이야기를 짧은 문장으로 요약할 수 있는가?
- 34.5%
- 19.0%
- 46.5%
- 39.2%
- 16.9%
- 43.9%

② 들은 이야기를 그림으로 정리하는 편인가?
- 15.8%
- 47.6%
- 36.6%
- 14.4%
- 58.3%
- 27.3%

③ 들은 이야기를 한마디로 정리하는 편인가?
- 17.8%
- 37.6%
- 44.7%
- 14.4%
- 52.8%
- 32.9%

④ 회의를 진행하거나 정리하는 데 자신이 있는가?
- 16.0%
- 47.6%
- 36.5%
- 10.8%
- 56.9%
- 32.3%

⑤ 회의나 보고가 끝난 후에 내용을 간결하게 정리할 수 있는가?
- 32.5%
- 28.3%
- 39.3%
- 28.7%
- 32.9%
- 38.4%

⑥ 다른 사람이 한 이야기를 그 자리에서 바로 요약하여 확인하는가?
- 36.3%
- 21.8%
- 41.9%
- 39.0%
- 24.3%
- 36.7%

⑦ 논리적으로 사고하는 편인가?
- 48.0%
- 15.8%
- 32.6%
- 32.9%
- 26.5%
- 40.6%

⑧ 발언을 짧게 하는 편인가?
- 48.1%
- 12.9%
- 39.0%
- 40.3%
- 14.4%
- 45.3%

⑨ 결론부터 말하는 편인가?
- 29.7%
- 18.2
- 52.1%
- 24.6%
- 26.5%
- 48.9%

⑩ 기억력이 좋은 편인가?
- 24.4%
- 35.1%
- 40.5%
- 24.6%
- 35.1%
- 40.3%

■ 남성: 그렇다　■ 남성: 아니다　■ 남성: 잘 모르겠다
■ 여성: 그렇다　■ 여성: 아니다　□ 여성: 잘 모르겠다

요약을 잘하려면 삼각 시나리오를 기억하라

요약은 유용한 기술입니다. 들을 때는 말하는 사람의 이야기를 요약해서 질문하고, 말할 때는 이야기의 핵심을 요약(정리)해서 듣는 사람의 이해를 돕습니다. 그렇다면 요약하는 능력에 대해서도 생각해 봅시다.

긴 문장을 요약하는 법은 보통 중고등학교 국어 시간에 배웁니다. 이때 잘하는 사람과 그렇지 않은 사람이 확연히 나뉘는데, 잘하는 사람이 그리 많지 않았을 것입니다. 문장을 잘 요약하는 사람이 적으니, 말하는 사람의 이야기를 요약해 줌으로써 말하는 사람을 보완할 수 있는 '잘 듣는 사람' 또한 적은 것이 아닐까 싶습니다.

타인의 이야기를 요약하는 것을 주제로 연수를 진행해 보면 다음과 같은 이야기를 자주 듣습니다.

"무엇이 이야기의 핵심인지 헷갈립니다."

"요약하는 습관도 실력도 없음을 느꼈습니다."

"요약을 정말 못하는 사람이 많아서 놀랐습니다."

"내가 쓴 메모를 다시 읽어 봤는데 너무 대충 써 놓아서 쓸모가 없었습니다."

요약을 잘하지 못하면, 예컨대 사내 회의에서 상호 이해가 제대로 이루어지지 않아 질문이 계속해서 이어지거나 이야기를 수습할 수 없게 됩니다. 듣는 사람이 요약해서 이야기를 재확인하면 오해가 줄어들고 회의 시간이 단축되어 기분 좋게 회의를 마무리할 수 있습니다. 회의 마지막에 회의를 주재한 사람이 이야기를 정리할 때도, 회의 중간에 이야기를 적절히 요약했다면 정리가 수월합니다.

말하는 사람이 이야기하는 도중에 요약하면서 질문하는 방법도 있지만, 이야기를 끝까지 듣고 전체 내용을 요약하여 질문할 수도 있습니다.

내가 한 메모인데도 '쓸모가 없다'라고 느낀 경험이 있습니까? 메모는 생각보다 어려운 작업입니다.

단순한 이야기는 끝까지 듣고 요약하는 것이 좋습니다. 그러나 이야기가 복잡하다면 중간에 요약해야 착오가 생길 가능성을 줄입니다. 강연회에서도 "질문이 있다면 중간에 하셔도 됩니다."라고 말하는 사람이 있는데, 이럴 때는 중간에 요약해도 좋습니다.

● 요점, 요약, 요지의 의미

요약과 비슷한 단어로 요점과 요지가 있습니다. 사전적 의미를 가지고 세 단어의 차이를 알아봅시다.

○ 요점: 가장 중요하고 중심이 되는 사실이나 관점
○ 요약: 말이나 글의 요점을 잡아서 간추림
○ 요지: 말이나 글 따위에서 핵심이 되는 중요한 내용

이 책에서는 요점과 요약에 대해 중점적으로 다룹니다. 요약을 어려워하는 사람이 많다고 했지만, 몇 가지 포인트만 알면 요약하는 기술은 누구나 쉽게 익힐 수 있습니다. 사실 요약하는 기술은 누구나 이미 가지고 있는 능력으로, 훈련만 한다면 손쉽게 향상시킬 수 있습니다.

이야기의 요점을 확인하는 습관과 논리적으로 이야기하는 습관을 들이는 것이 중요합니다. 이 두 가지를 실천하면 당신의 요약하는 기술은 눈 깜짝할 사이에 좋아질 것입니다.

또한 요약할 때는 다음의 세 가지 요소를 생각하도록 합니다.

1 주제와 주장
2 이유
3 구체적 사례

특히 자신이 듣는 사람일 때는 상대방의 이야기를 들으면서 이 세 가지 요소에 따라 메모하는 습관을 들이면, 내용을 파악할 수 있을 뿐만

상대방의 이야기를 요약해 확인하는 훈련

1단계

공책의 절반에 세모를 그립니다. 나머지 절반은 요약에 필요한 세 가지 요소
1 주제와 주장, **2** 이유, **3** 구체적 사례를 적을 공간으로 사용합니다.

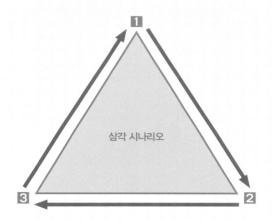

2단계

상대방의 이야기를 들으면서, 이야기에 자주 등장하는 단어를 키워드로 정해
적습니다. 그리고 이 키워드가 **1** 주제와 주장, **2** 이유, **3** 구체적 사례 중 어
디에 해당하는지 정하여 해당 공간에 배치합니다.

3단계

키워드들이 정리되면 서로 이어 봅니다. 이야기의 맥락을 파악할 수 있으니
요약하기 쉬워집니다.

아니라 이야기에서 세 가지 요소가 균형 잡혀 있는지도 파악하기 쉬워집니다.

예를 들면 말하는 사람이 다음과 같이 이야기했다고 가정해 보자.

"최근 저출산 문제가 심각합니다. 젊은 세대가 적어지면 고령자를 부양하는 사회 보장 유지가 어렵기 때문입니다. 일본의 2016년 출생률은 기어이 100만 명 이하로 내려갔습니다. 2014년에는 현역 세대 2.2인이 고령자 1명을 부양하고 있었으나, 2025년에는 1.8명으로 내려갈 것으로 보입니다. 젊은 세대가 안심하고 아이를 낳고 키울 수 있는 국가 차원의 다양한 보조 장치가 필요합니다."

이 이야기의 세 가지 요소는 다음과 같습니다.

① 주제와 주장 : 국가는 젊은 세대를 위한 보조 장치를 마련해야 한다
② 이유 : 사회 보장을 유지할 수 없기 때문에
③ 구체적 사례 : 출생률 저하, 고령자를 부양하는 현역 세대 2.2인→1.8인

들을 때뿐 아니라 말할 때도 이 세 가지 요소를 의식하여 말하면 커뮤니케이션이 명확하고 명쾌해집니다. 요약하는 기술을 신경 쓴다면 실력이 금방 늘 것입니다. 참고로 요약에 필요한 세 가지 요소를 말할 때 사용하는 법은 6장에서 설명하겠습니다.

요약할 때 중요한 것

① 주제와 주장

② 이유

③ 구체적 사례

메모할 때 말하는 사람의 이야기를 ① 주제와 주장, ② 이유, ③ 구체적 사례로 나누어 적습니다.
세 가지 요소 중 하나라도 모자라거나 불충분하면 금방 알 수 있습니다.

요약하는 기술을 갈고 닦는 방법

요약하는 기술을 단련하기 위해서는 독해력을 키워야 합니다. 여기서 말하는 독해력은 문장을 해독하는 것뿐만 아니라 말의 내용을 이해하는 것을 포함합니다. 독해력이 뛰어난 사람은 논지(논의의 요지와 취지)를 바로 알아차리며, 필요 없는 부분은 과감히 잘라냅니다.

그렇다면 논지란 무엇일까요? 여러 번 반복되는 단어에 주목하면 알아차리기 쉽습니다. 이를 키워드라고도 하는데, 말할 때나 글을 쓸 때는 보통 자신이 중요하다고 생각하는 단어를 몇 번이고 반복하게 됩니다. 바로 이것이 키워드입니다. 이 키워드를 주축으로 산만한 이야기와 글을 깔끔하게 다시 정리하면 논지가 도출됩니다.

가장 필요 없는 부분은 구체적 사례나 예시입니다. 이 두 가지는 상대방의 이해를 돕기 위해 쓰이지만 논지라고는 볼 수 없기에 과감히 무시해도 좋습니다.

또한 요약하는 경험을 많이 쌓는 것이 중요합니다. 말할 때는 이야기 끝 무렵에 말했던 내용을 다시 정리하곤 합니다. 그런데 우리는 보통 말할 때보다 들을 때가 더 많습니다. 좋은 훈련의 기회라고 생각하고, 들을 때 요약하는 연습을 많이 해 두면 말할 때도 능숙하게 요약할 수 있습니다. 작은 회의나 강연에서도 훈련이라고 생각하고 요약하는 연습을 계속하길 바랍니다. 그런 기회가 많지 않다면 텔레비전이나 라디오 방송의 내용을 요약해 보는 것도 좋은 방법입니다.

그 외의 상황에서도 우리는 보통 말할 때보다 들을 때가 압도적으로 많기 때문에 요약을 연습하기도 수월합니다.

요약을 습관화하면 머릿속을 항상 정리된 상태로 유지할 수 있고, 뇌의 기억 공간도 허투루 쓰는 일이 없습니다.

요약은 키워드를 주축으로 한다

구체적 사례나 예시는 요약에 불필요하다

키워드는 이야기에 빈번히 등장하므로 알아차리기 쉽습니다. 구체적 사례나 예시 또한 특징적인
부사(예를 들어, 예컨대)가 쓰이기에 구분하기 쉽습니다.

요약본을 한 번 더 요약하여 요점만 기억하는 것도 효과적입니다. 요점만 찝어 기억해 두면 그 전후 내용도 줄줄이 생각나기 때문입니다. 기억력이 뛰어난 사람은 요점을 떠올리면서 요점과 관련된 상세 내용까지 떠올립니다. 요점을 정리한 공책을 보면서 보고서도 작성할 수 있습니다. 물론 회의록도 금방 작성합니다. 요약을 잘하면 회의 진행이나 사회를 볼 때 부족한 이야기를 보충하면서 대응하는 기술도 좋아집니다.

● 인터뷰를 할 때 메모하는 요령

인터뷰를 할 때는 닥치는 대로 메모하려고 하지 말고 요점(더 나아가 키워드)만을 적습니다. 그러면 메모하는 데 집중한 나머지 말하는 사람의 이야기를 놓치는 불상사를 피할 수 있습니다.

만약 여유가 있다면 답변을 들으면서 전술한 ① 주제와 주장, ② 이유, ③ 구체적 사례를 분류합니다. 인터뷰는 전체 녹음을 하되, 정말로 다시 확인할 필요가 있는 부분만 다시 듣습니다.

참고로 메모를 이야기 순으로 적어 두면 녹음을 들을 때 들어야 할 부분을 찾기 쉽습니다.

문장뿐 아니라 그림으로도 메모하는 것을 추천합니다. 그림을 이용해서 표현하면 두뇌가 이미지를 구체적으로 인식하게 되면서 이해하기 쉽고, 기억에도 잘 남습니다. 들은 정보를 머릿속에서 생각해 낼 때 그림이 함께 자연스럽게 떠오를 것입니다. 이 책에서 일러스트를 최대한 활용한 것도 같은 이유입니다.

대화의 질을 높이는 것이 중요하다

상대방의 이야기를 집중적으로 들어야 할 때(인터뷰 등)는 상대방의 이야기를 많이 이끌어 내는 것이
중요하기 때문에 대화에 집중하고 적절한 질문과 확인·요약을 통해 이야기의 질을 높이기 위해 노
력해야 합니다.

듣기-경청-질문-요약-말하기의 연결

2장에서는 듣는 기술에 대해 해설하면서 듣는 사람의 마음가짐의 중요성에 대해 짚어 보았습니다. 3장에서는 경청하는 기술과 그 방법을, 4장에서는 질문하는 기술과 방법에 대해 알아보았습니다. 5장에서는 요약하는 기술에 대해 배웠습니다. 이 모든 기술을 이용하면 듣는 기술이 향상되어 당신을 상대로 이야기하는 사람은 기분 좋게 대화를 이어 나갈수 있게 될 것입니다.

각 장의 내용은 모두 독립된 이야기가 아니라, 점점 축적되는 내용이었습니다. 그렇다면 다음 6장에서 이야기할 말하는 기술은 어떨까요?

말하는 기술은 2장의 듣는 기술과 이어집니다. 사실 2장부터 6장까지의 내용이 159쪽의 그림처럼 서로 연결되어 원을 그립니다.

듣는 기술을 익힌 말하는 사람은 '최강'이라고 할 수 있습니다. 우리는 듣는 사람이자 말하는 사람이기 때문입니다. 듣는 기술을 익힌 사람이 하는 말은 무척 이해하기가 쉽습니다.

따라서 6장으로 넘어가기 전에 듣기와 말하기를 하나의 세트로 생각해야 한다는 점을 명심하길 바랍니다.

말할 때 듣는 사람을 생각하고, 들을 때 말하는 사람을 생각하고 있습니까?

혹시 말할 때는 듣는 사람을 불만스럽게 여기고, 들을 때는 말하는 사람을 불만스럽게 여기지는 않았습니까?

듣기도 말하기도 상대방이 없다면 커뮤니케이션이 이루어질 수 없기에 서로 배려가 필요합니다.

모든 것은 연결되어 있다!

이 중 하나만 빠져도 잘 들을 수 없습니다. 잘 듣지 못한다는 건 잘 말하지 못한다는 이야기이기도 합니다.

제5장 정리

1 이야기의 내용을 듣는 사람이 요약해 재확인하면 대화가 원활히 진행된다.

2 요약은 듣는 사람과 말하는 사람 모두에게 중요하다.

3 요점, 요약, 요지의 의미를 구분해 이해해야 한다.

4 이야기의 요점을 정리해서 짧게 표현하는 것이 요약이다.

5 요약은 곧 독해력이다.

6 평소에 요약하는 연습을 해야 한다.

7 이야기의 키워드를 놓치지 않아야 한다.

8 메모하는 요령을 익히자.

9 문장뿐만 아니라 그림으로도 메모하면 좋다.

제6장

커뮤니케이션의 달인으로 만드는 말하는 기술

상대방의 말을 잘 들어 주는 사람이 말하는 기술까지 익히면 '커뮤니케이션의 달인'이 될 수 있습니다. 듣기와 말하기는 한 세트이기 때문입니다. 마지막 장에서는 말하는 기술의 가장 중요한 포인트를 소개하고 설명합니다.

원활한 커뮤니케이션을 위한 세 가지 조건

듣는 사람이 말하는 사람의 이야기를 이해하고 납득하는 것이 가장 이상적인 커뮤니케이션입니다. 그런데 이해는 해도 납득이 가지 않는 경우도 있습니다. 이해한 다음 납득하기 위해서는 논리뿐 아니라 감정적인 부분도 충족되어야 하기 때문입니다. 이 감정적 부분에는 세 가지가 영향을 끼칩니다. ① 상호성, ② 수평성, ③ 대면성입니다.

① 상호성

바람직한 커뮤니케이션을 위해 필요한 첫 번째 조건은 상호성입니다. 말하는 사람이 듣는 사람에게 일방적으로 이야기하는 것이 아니라, 상호적으로 소통이 이루어져야 한다는 의미입니다. 이를 위해서는 상대방의 존재를 확실히 인식하고, 상대방과 나의 차이를 인정하며, 상대방을 존중할 필요가 있습니다.

커뮤니케이션은 서로 존경을 표하면서 소통하고 이해를 높이는 과정입니다. 흔히 캐치볼에 빗대어 이야기하는데, 캐치볼은 상대방이 던진 공을 제대로 받는 행위에서 시작됩니다. 공을 받은 사람이 다시 던지는 역할이 되고, 다시 받고, 이를 계속 반복합니다. 그래야 즐거운 캐치볼을 할 수 있습니다.

커뮤니케이션에서는 공이 바로 '이야기'입니다. 즉, 서로 이야기를 해야 커뮤니케이션이 성립합니다. 당연한 말이지만 한 번 더 상기합니다. 특히 일상적인 대화가 아닌 회의를 할 때는 해결책을 모색하거나 상호 이해를 도모하거나 정보를 교환하는 일이 많은데, 상대방을 의식하지 않으면 상호성을 유지하기 어렵습니다. 커뮤니케이션은 상대방이 있어야 이루어진다는 사실을 잊지 않아야 합니다.

커뮤니케이션의 세 가지 조건

상호성	• 말하기와 듣기는 캐치볼
	• 한쪽만 말하거나 듣지 않도록 유의
수평성	• 상대방의 수준에 맞춘 대화
	• 우리 사회에 아직 존재하는 상하 관계
	• 높임말은 상하 격차를 줄이기 위한 대등한 언어
대면성	• 눈앞에 마주한 사람과의 커뮤니케이션
	• 표정, 어조, 태도 이 모든 것이 커뮤니케이션의 수단

1 상호성

2 수평성

3 대면성

커뮤니케이션은 캐치볼과 같다

커뮤니케이션

서로가 받기 쉽게 던져 주어야 합니다.

② 수평성

원활한 커뮤니케이션을 위한 두 번째 조건은 수평성입니다. 수평성을 유지하기 위해서는 말하는 사람과 듣는 사람이 같은 눈높이에서 서로를 존중할 필요가 있습니다.

그런데 상당수의 사람들은, 내가 잘 아는 분야를 주제로 대화하거나 내가 상대방보다 더 우위에 있다고 생각이 들면 저도 모르게 상대방을 무시하는 실수를 저지릅니다.

어느 전기 분야의 기업에서 엔지니어로 일하는 A 씨는 최신 기술에 대한 이야기가 나오면, 악의는 없지만 은근히 상대방을 깔보면서 말하는 경향이 있었습니다. 그날도 최신 기술이 주제로 나왔고, A씨의 이야기를 듣던 E 씨는 굳이 말하지는 않았지만 '뭐야, 전문적인 내용 좀 안다고 사람을 무시하는 거야?'라고 생각했다고 합니다. 하지만 A 씨는 전혀 눈치채지 못했습니다. 사람은 자신이 우위에 서서 이야기할 때 기분이 좋아지는 법입니다.

이번에는 반대로 E 씨가 정통하고 A 씨는 잘 모르는 이야기가 나왔습니다. 이때 E 씨는 그동안의 설움을 풀어내려는 듯 더 알은체하며 이야기를 풀어나가게 됩니다.

이렇게 되면 서로의 마음만 상할 뿐 아니라 주변 사람들에게도 좋지 않은 인상을 줍니다. '저 두 사람, 또 시작이네.'라는 생각을 들게 하고, 나란히 평판이 깎입니다.

이것은 비단 A 씨만의 문제가 아닙니다. 우리도 적든 많든 비슷한 일을 겪고 있습니다. 잘 아는 주제로 이야기하면 저도 모르게 나쁜 태도가 나올 수 있기에 상대방을 깔보지 말자고 평소부터 의식하는 것이 중요합니다.

오히려 내가 잘 아는 분야에 대해 이야기할 때 상대방의 수준에 맞춰서 이야기하면 인성, 지식, 기술을 모두 갖춘 사람으로 받아들여집니다. 그러면 "○ ○ 씨가 하는 이야기는 이해하기가 쉬워. 게다가 친절하고 정중하기까지 하다니까?"라는 말을 듣습니다. 이렇게 되면 이야기의 내용에 더해 좋은 인상까지 전달할 수 있는 것입니다.

상대방에게 존경받고 싶다면 내가 먼저 상대방에 대한 존경을 표현해야 합니다.

잘 아는 분야에 대해 이야기할 때는 주의하자

자신감이 넘치면 저도 모르게 남을 깔보게 되는데, 이것은 상대방을 불쾌하게 만듭니다.

③ 대면성

원활한 커뮤니케이션을 위한 세 번째 조건은 대면성입니다. 이것은 편지와 메일, 전화가 아니라 상대방과 직접 대면할 때 발생합니다. 말 외의 요소(행동거지, 어조, 말투)에 따라 의도하지 않은 나쁜 정보가 상대방에게 전달되는 일을 말합니다. 예를 들어 산만하게 행동하거나 위압적인 태도로 말하면 이야기 내용과는 상관없이 부정적인 정보가 듣는 사람에게 전달되는 것입니다.

예전에 저는 일본 문학을 전공한 교수 K 씨의 저서와 논문에 관심이 있어서 그의 수업을 청강하기로 했습니다. 그 첫 수업에 들어갔을 때의 일입니다.

간단한 참고 자료를 가지고 진행하는 강의였는데, 강의가 시작되자마자 K 교수는 "쯧쯧" 하면서 혀를 끌끌 차는 불쾌한 소리를 내기 시작했습니다. 게다가 도중에는 의자에 앉아 강의를 진행했는데, 다리를 너무 심하게 떨더군요. 때문에 강의 내용이 아닌 "쯧쯧" 하는 소리와 덜덜 떨리는 다리에 온 신경이 쏠렸습니다.

기대가 컸던 만큼 실망도 컸고, 내용도 제대로 머릿속에 들어오지 않았습니다. K 교수의 저서와 논문은 분명 명쾌한 내용이었지만, 그의 대면 커뮤니케이션 능력에 커다란 의문을 품을 수밖에 없었습니다.

대면하는 자리에서는 언어 외의 요소들이 듣는 사람에게 쉽게 전달됩니다. 이때의 인상이 나쁘다면 내용도 귀에 들어오지 않습니다. 행동거지, 어조, 말투 등 겉으로 보이는 모습도 커뮤니케이션의 요소 중 하나라는 점을 기억해야 합니다. 의외로 '이야기의 본질이 좋다면 말할 때의 태도가 어떻든 상관없다'라고 생각하는 사람들이 많은데 생각을 바꿀 필요가 있습니다.

나쁜 습관은 모든 것을 엉망으로 만든다

어조나 말투가 좋지 않으면 아무리 좋은 내용도 듣는 사람에게 가닿지 않습니다.

논리적으로 말하기 위해 필요한 세 가지 요소

논리적으로 말하기 위한 세 가지 요소를 소개합니다.

① **명확한 주장**
② **명확한 이유**
③ **논리적 신호(접속사)의 적절한 사용**

이 세 가지만 갖추면 누구나 논리적으로 이야기할 수 있습니다. 하나씩 자세히 살펴보겠습니다.

① 명확한 주장

일상 대화는 별것 아닌 주제로도 이야기하니 괜찮지만 설명, 의견, 제안, 보고, 발표 등의 경우에는 주장(말하고자 하는 바)을 상대방에게 정확히 전할 필요가 있습니다. 주장은 상황에 따라 포인트, 결론, 요점 등으로 바꿔 말할 수 있습니다.

한편 회의나 논의에서는 내용적 순서도 중요합니다. 즉, 이야기를 시작할 때 "제 의견을 한마디로 말하면…."처럼 자신의 의견을 정리하여 결론부터 짧게 말하면 듣는 사람도 자연스럽게 거기에 덧붙여질 다음 의견이나 이유 등을 들을 준비를 합니다.

반대로 언제까지고 결론 없는 이야기만 한다면 듣는 사람은 듣다 지쳐 다음 이야기를 들을 힘이 없어집니다.

발언의 첫마디는 신문 기사의 제목과 같습니다. 신문 기사에 제목이 없고 본문부터 시작한다면, 독자는 기사의 내용을 모두 읽어야 주장하는 바와 포인트를 파악할 수 있으니 상당한 부담을 느낄 수밖에 없습니다.

이 세 가지 요소가 없이 논리적으로 이야기하기란 불가능합니다.

머지않아 그런 신문은 읽지 않을 것입니다.

따라서 이해하기 쉽게 말하는 것, 즉 이해의 용이성은 명확한 주장을 위해 꼭 필요한 요소입니다.

② 명확한 이유

주장에는 그 주장을 뒷받침하는 이유가 필요합니다. "왜?"라는 의문에 답변할 수 없는 주장을 듣고 있을 사람은 없기 때문입니다. 이유 없이 자신이 말하고자 하는 바만 주장하면 듣는 사람의 입장에서는 그 주장이 비논리적으로 느껴집니다.

예를 들어 어느 출판사 편집부에서 도서 기획에 대해 논의하고 있다고 가정해 봅시다.

> A: 책은 내용이 중요해요. 사람들이 책을 사는 이유는 이 책에 바라는 게 있기 때문이에요. 지식이든 정보든 재미든, 무언가 얻어갈 게 있어야 책을 잘 샀다고 여겨요. 그리고 책의 내용과 질은 장기적으로 출판사의 평판과도 직결되죠. 디자인은 눈에 거슬리지 않고 읽기 편안하게만 하면 된다고 생각해요.
>
> B: 당연히 내용도 중요하지만 역시 디자인이지 디자인. 나는 그렇게 생각해. 내용보다 디자인에 신경 써야지.

B 씨는 자신의 주장과 생각만을 늘어놓고 있을 뿐, '왜 디자인이 중요한가?'에 대한 근거가 없습니다. 이처럼 주장을 뒷받침하는 이유가 없으면 감정적인 이야기가 되어 논리성이 떨어집니다.

그렇다면 B 씨가 다음과 같이 의견을 말한다면 어떨까요? 주장만 하는 것이 아니라 B 씨 자신의 경험을 말하는 것입니다.

> B: 당연히 내용도 중요하지만 역시 디자인이지 디자인. 나는 그렇게 생각해. 내용만큼이나 디자인에 신경 써야지. 왜냐하면 이전에 독자들이 모

두 입을 모아 훌륭한 내용이라고 극찬한 도서가 있었는데, 매출이 확 오르질 않더라고. 그런데 표지 디자인을 유명 일러스트레이터에게 부탁해서 바꿨더니 엄청나게 팔렸던 적이 있어. 내용은 단 한 글자도 바뀌지 않았는데 말이야. 그러니까 나는 디자인이 중요하다고 생각해.

이처럼 논리적으로 이야기하기 위해서는 주장과 이유를 한 세트로 구성하는 것이 중요합니다.

이유 없는 주장은 설득력이 없습니다.

③ 논리적 신호(접속사)의 적절한 사용

● 논리적 신호란 무엇인가

논리적 신호란 이야기의 전체 구성에서 논리적으로 말을 구분하고 연결하는 접속사를 가리킵니다. 논리성을 높이는 대표적인 접속사에는 '즉', '요컨대', '따라서', '그러므로', '왜냐하면', '그런데', '하지만' 등이 있습니다.

주장과 이유가 명확한 이야기라도 말을 잇는 접속사가 부족하거나 적절히 사용되지 않으면 이야기가 조리 있게 들리지 않습니다.

● 논리적 신호를 제대로 사용하는 법

예를 들어 보겠습니다. 파워포인트를 사용한 프레젠테이션을 보면서 말하는 사람의 이야기를 듣고 있습니다. 각 슬라이드의 내용은 이해가 가지만, 다섯 번째 슬라이드를 본 순간 '응? 네 번째 슬라이드에서 갑자기 이렇게 내용이 연결되나?'라는 생각이 들었습니다.

만약 네 번째 슬라이드 마지막에 다음 슬라이드에 대한 설명이 있었다면 듣는 사람은 다섯 번째 슬라이드를 보고 당황하지 않고 '이제 이야기가 바뀌는구나' 하고 마음의 준비를 한 상태에서 다음 이야기를 들을 수 있었을 것입니다.

한편 '그리고'라는 접속사를 너무 남발하면 내용을 늘어놓기만 하는 인상을 주어 오히려 말을 이해하기 어려우므로 주의가 필요합니다. '또'도 같은 맥락에 있는 접속사입니다.

① 명확한 주장, ② 명확한 이유에 ③ 논리적 신호(접속사)의 적절한 사용까지 합쳐지면 이야기는 더욱 논리를 갖춥니다. 이 세 가지 요소를 신경 쓰면서 논리적으로 이야기할 수 있도록 연습합니다.

논리적 신호(접속사)를 적절하게 사용하기

요약의 신호	앞서 말한 내용을 간결하게 정리할 때 사용
	(예) 요컨대, 즉, 따라서
이유의 신호	앞서 말한 내용의 이유를 말할 때 사용
	(예) 왜냐하면, 이것은, 그러므로
전환의 신호	앞서 말한 내용과는 다른 내용을 말할 때 사용
	(예) 그럼, 그런데, 그렇다면
대비의 신호	앞서 말한 내용과 비교하는 내용이 나올 때 사용
	(예) 한편, 또는, 혹은
역접의 신호	앞서 말한 내용과 반대되는 이야기를 할 때 사용
	(예) 그러나, 그런데, 하지만

회의, 보고, 설명하는 상황에서 추천하지 않는 접속사

병렬의 접속사	내용을 열거하기 위해 사용
	(예) 그리고, 또, 또한, 다음으로

'그리고'를 남발하면 뒤로 갈수록 집중력이 흐려져 듣기 힘들고 내용 파악도 어렵습니다.

이해하기 쉬운 말하기의 전제 조건

이해하기 쉽게 말하기 위해서는 나와 상대방과 관련된 다음 두 가지 조건을 충족해야 합니다.

먼저 첫 번째는 나와 관련된 조건입니다.

듣는 사람이 알아듣기 쉽게 말하기 위해서는 우선 말하는 내가 내용을 충분히 이해하고 있어야 합니다.

나는 이해하고 있다고 생각해 말을 시작했지만, 막상 이야기하다 보니 내가 말하고자 하는 바가 애매해져서 나의 이해가 부족했다는 것을 깨닫는 일이 있지 않습니까?

예컨대 3분간 어떤 내용을 설명한다고 가정했을 때 스스로 충분히 이해하고 있는지 확인할 수 있는 방법이 있습니다.

다음 175쪽의 '자기 이해도 체크' 항목을 작성해 봅니다. 애매한 부분이 있다면 아직 제대로 이해하지 못했다는 뜻이므로 조금 더 철저히 준비할 필요가 있습니다.

두 번째는 상대방과 관련된 조건입니다.

듣는 사람의 이해도(수준)에 따라 말해야 합니다. 말하는 사람이 아무리 이해도가 높고 알기 쉽게 설명하더라도 듣는 상대방이 이해하지 못하면 소용이 없기에 듣는 사람의 이해도에 따라 내용을 수정할 필요가 있습니다.

이를 위해서는 듣는 사람의 정보를 미리 수집하여 그들의 수준에 맞게 이야기를 준비하고, 실제로 이야기를 할 때도 듣는 사람의 상태나 이해한 정도를 관찰하면서 그때그때 이야기를 수정할 필요가 있습니다.

이해하기 쉬운 말하기의 조건

1 자신이 말할 내용을 충분히 이해하고 있을 것

2 듣는 사람의 이해도에 맞추어 이야기할 것

스스로의 이해도가 부족한 경우　　상대방의 수준에 맞지 않는 이야기

흠, 이 정도로 괜찮을까?

사실 이 주제는 잘 모르는데…

그런 기초적인 내용은 다 알고 있다고!

초보자를 상대로 갑자기 전문 분야 이야기를!?

말하는 사람이 준비가 부족 하면 상대방도 이해하지 못 합니다.

자기 이해도 체크

- 3분간 이야기할 내용을 120자 이내로 요약하여 말할 수 있는가?

- 이야기할 내용의 포인트를 한 문장(20자 내외)으로 말할 수 있는가?

- 주장을 뒷받침하는 이유를 말할 수 있는가?

- 주장을 뒷받침하는 데이터나 구체적 사례를 준비해 놓았는가?

6-4

말 잘하는 법: 누구에게, 무엇을, 명확하게!

① 누구에게 무엇을 말할 것인지 정리하기

커뮤니케이션은 당연히 상대방이 존재하므로, 우선 누구에게 무엇을 말할 것인지 명확히 하는 것이 중요합니다.

당연한 이야기라고요? 의외로 이것을 명확히 하지 않은 채로 이야기 하는 경우가 많습니다.

연수를 진행할 때 '○○를 대상으로 ○○의 중요성(소중함) 전하기' 라는 주제로 이야기할 때가 있습니다. 어느 연수에서 40명 정도에게 "누구에게 무엇을 이야기할 예정입니까?"라고 확인한 적이 있습니다. 그런데 절반 정도의 참가자가 대상의 범위가 너무 광범위하거나, 무엇을 이야기할지 명확히 정해져 있지 않았습니다. 참가자들에게 차근차근 물어보자 점차 누구에게 무엇을 이야기할지 명확해지는 것이 보였습니다.

이야기는 '올바른 전달'과 '올바르게 이해하는 것'을 목적으로 한 커뮤니케이션이기에 말하는 사람이 누구에게 무엇을 이야기할지 명확히 설정해 놓아야 합니다.

② 말하고자 하는 바를 간결하게(한마디로) 표현하기

예를 들어 조회 시간에 직장 후배와 신입 사원에게 인사의 중요성을 이야기한다고 가정해 봅시다. 조회는 시간이 정해져 있으므로 이야기가 간결할수록 좋습니다. 따라서 가장 이야기하고 싶은 것은 무엇인가를 떠올려 봅니다.

다음 177쪽의 절차대로, 말하고자 하는 내용을 적은 뒤 하나로 축약하면 이야기하고자 하는 바가 명확해져서 내용을 검토하기도 쉽습니다.

가장 말하고 싶은 것을
세 가지로 축약하기

인사를 통해 새로운 마음으로 오늘을 시작한다!

인사가 없다면 직장 환경이 악화되고 있다고 볼 수 있다

서로 인사하는 밝은 직장에서 새로운 아이디어가 탄생한다

최종적으로 한 가지 선별하기

인사를 통해 새로운 마음으로 오늘을 시작한다!

듣는 사람도 말하는 사람도 '시원한 화법'

이 꼭지에서는 간결하게 이야기하는 말하는 기술, 시원한 화법을 소개합니다.

● 거두절미하고 변명하지 않는 말하기

정보로서 가치가 없는 서론으로 시작해서 변명으로 끝나는 이야기를 하면 가장 중요한 이야기를 하는 시간이 짧아집니다. 이런 이야기를 들은 사람은 결국 무슨 이야기였는지 이해하지 못하는 상황이 벌어집니다.

이것을 방지하기 위해 사용하는, 거두절미하고 변명하지 않는 말하는 기술을 '시원한 화법'이라고 합니다.

시원한 화법의 기본은 다음과 같습니다.

인사 → 내용 → 인사

왜 처음과 마지막은 인사일까요? 여러 번 이야기했듯, 우리는 이야기를 바로 시작하지 못하고 망설이는 경향이 있습니다. 이 망설임이 쓸데없는 서론으로 이어지는 것입니다. 그렇게 조리 있게 말하지 못하면 이야기가 끝난 후 변명을 하고 싶어지는 것이 사람의 마음입니다.

우리에게 익숙한 인사는 이러한 초반의 망설임과 마지막의 쓸데없는 변명을 하지 않게 만들어 줍니다.

매번 무슨 이야기부터 시작할까 고민하지 말고, 이야기의 처음과 끝을 정해 놓으면 더욱 자연스럽게 이야기를 시작할 수 있습니다.

'끝이 좋으면 다 좋다'라는 말이 있듯, 본론을 조리 있게 말하지 못했더라도 변명하지 말고 인사로 제대로 된 끝맺음을 지으면 됩니다. 우선은 시작과 끝을 깔끔하게 정리하여 내용에 집중할 수 있는 환경을 만들어 봅니다.

상황별 시원한 화법의 예

	인사 ➡	내용 ➡	인사
대화	안녕하세요. 오늘 날씨가 좋네요.	다 같이 여행을 가시나 보네요.	그럼 저는 이만 가 볼게요!
스피치	안녕하세요. 회의 진행자 김소통 입니다.	오늘의 공지 사항은 두 가지입니다.	오늘도 사고 없는 하루 보내시기 바랍니다.
보고	실례하겠습니다. 이웅변입니다.	어제 발생한 문제는 어젯밤 해결되었습니다.	실례하겠습니다.
회의	안녕하세요. 박불통입니다. 제안할 사항이 있습니다.	팀 편성에 대해 말씀드립니다.	이상입니다.
설명회· 프레젠테 이션	안녕하세요. 인사팀 유경청입니다.	업무 개선에 대한 제안을 하겠습니다.	그럼 검토 부탁드립니다.
포인트	짧게	간결하게	짧게

인사는 큰 소리로 천천히 합니다. 또한 멋들어진 말을 하려고 하면 그 말을 꼭 해야 한다는 강박 때문에 오히려 이상해질 수 있습니다. 본 내용에 들어가기 앞서 실수하는 일이 없도록 합니다.
※ 내용을 구성하는 방법은 다음 '―'에서 설명

안녕하세요,
조회 담당자
김소통입니다.

듣는 사람이 쉽게 이해하는 내용 구성의 법칙

이야기할 내용을 모두 정리했지만, 어떤 순서로 이야기하면 좋을지 감이 안 잡히는 경우도 있습니다. 이럴 때 기본 구성을 몇 가지 알고 있으면 자신에게 맞는 구성에 따라 이야기의 흐름을 만들 수 있습니다.

① 삼각 시나리오로 간결하게 정리하기

삼각 시나리오는 **1** 말하고자 하는 바, **2** 주요 내용, **3** 이유와 구체적 사례의 세 가지 요소로 이루어집니다. 삼각형의 꼭짓점 **1**, **2**, **3**의 각 항목을 시계 방향에 따라 이야기하는 것이 포인트로, 이 순서대로 말하면 이야기가 논리 정연하고 간결하며 이해하기 쉬워집니다.

"○○ 씨가 뭘 말하고 싶은 건지 모르겠어.", "말하고 싶은 내용이 너무 많아서 포인트를 모르겠어."라는 말을 들은 적이 있다면 꼭 시험해 보도록 합니다. 단, 말하고자 하는 바를 이야기하기 전의 서론과 도입이 너무 길어지면 삼각 시나리오의 효과가 반감되므로 주의해야 합니다.

한편, 같은 요소의 삼각 시나리오를 반대로 이야기하면(**3**→**2**→**1**) 간결함과 논리성이 떨어집니다. **3**번부터 시작하면 구체적 사례가 먼저 나오고 말하고자 하는 바가 마지막에 배치되기 때문입니다. 구체적인 사실과 현상과 관련된 이야기가 길어지면 **3**번의 후반부나 **2**번에 들어섰을 때 듣는 사람은 '그래서 무슨 말을 하고 싶은 건데?' 하고 답답해지기 시작합니다.

일상적인 대화를 할 때는 **3**번부터 시작해도 무방합니다. 하지만 격식 있는 자리에서는 삼각 시나리오의 원래 순서대로 정리합니다. 구체적인 사례나 상황 설명이 길어져서 듣는 사람이 "그래서 무슨 얘기더라?"라고 반문하는 일은 만들지 않도록 합니다.

이야기할 때 유용한 삼각 시나리오

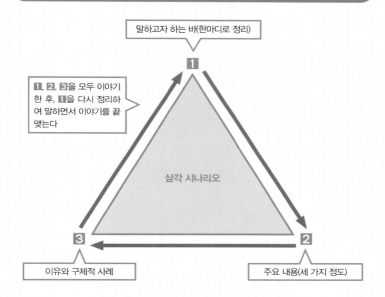

말하고자 하는 바(한마디로 정리)

1. 2. 3을 모두 이야기 한 후, 1을 다시 정리하여 말하면서 이야기를 끝맺는다

삼각 시나리오

이유와 구체적 사례

주요 내용(세 가지 정도)

삼각 시나리오의 기본과 응용

	기본	응용	
	기본 순서	보고	의견, 제안
1	말하고자 하는 바	결론	주장
2	주요 내용	본론	본론
3	이유와 구체적 사례		

삼각 시나리오를 이용하면 이야기가 간결하고 이해하기 쉬워집니다.

② 듣는 사람에게 환영받는 결론 우선형

결론 우선형(항목 우선형)은 주제, 대항목, 중학목, 소항목 순으로 이야기하는 방법입니다. 나무에 빗댄다면 줄기, 큰 가지, 중간 가지, 작은 가지 순으로 이야기하는 것입니다.

제가 강의하는 수업에서는 '자신의 특기에 대해 3분간 설명하기'라는 실습을 합니다. 어느 날 수강자 S 씨가 이렇게 말했습니다.

"저는 말주변이 없어서 이야기를 조리 있게 못 하는데, 특기라고 할 만한 것도 없습니다. 입사 후에 영업 등을 담당했지만 다른 사람처럼 유창하고 명확하게 말하지도 못하고… 그래도 자동차 영업 실적은 좋은 편이었지만… 영업은 제가 말하는 것보다 고객이 많이 말하는 게 좋다고 생각해서…."

그래서 저는 이렇게 조언했습니다.

"서론이 너무 기네요. 무엇이 특기인지 먼저 이야기한 후 본론에 들어가면 더 좋겠어요. 예를 들면 '안녕하세요. 저는 A 회사의 S입니다. 제 특기는 자동차 판매입니다. 저의 판매 전략은 고객의 소리를 경청하는 것입니다.'라고 결론부터 이야기하면 더 깔끔하겠지요?"

말하고자 하는 내용이 좋아도 서론이 길어지면 가장 중요한 포인트(결론, 주장, 줄기)를 놓치게 되는 안타까운 상황이 벌어집니다.

우리는 초등학생 때부터 이야기 순서의 대표적인 형식으로 기승전결과 3단 구성법(서론, 본론, 결론)을 배워 왔습니다. 저 또한 업무상 보고, 출장 보고, 조사 결과 보고서 등을 쓸 때는 학창 시절에 배운 것처럼 '들어가며'로 시작한 후 본론을 적고, '마치며'라고 적거나 말하는 것이 당연했습니다. 그런데 몇 년 후, 회사에서 '자료는 A4 용지 한 장으로 정리하기' 캠페인이 시작되면서 '결론 우선'을 의식하게 되었습니다.

요즘은 다양한 상황에서 '결론 우선'이 환영받고 있습니다. 내용 구성도나 나뭇가지를 떠올리면서 이야기를 할 때 결론 먼저 말해 봅니다.

③ 주장을 다시 강조하는 AREA 법칙

AREA 법칙은 주장(Assertion), 이유(Reason), 증거·예시(Evidence or Example), 주장(Assertion)의 앞 문자를 따서 만든 말로, 논리적인 이야기 구성을 위한 말하는 기술입니다. 주장 → 이유 → 증거·예시 순으로 이야기한 뒤 주장으로 다시 마무리하는 방법입니다.

주장(Assertion)은 무엇을 주장하고 싶은지 20자 내외로 명확히 표현하는 단계입니다.

이유(Reason)는 상대방이 품고 있는 의문에 대한 이유를 설명하는 단계입니다.

증거·예시(Evidence or Example)는 구체적인 사례로 주장을 뒷받침하는 단계입니다. 논리적인 주장과 이유를 설명해도 상대방을 납득시키는 일은 쉽지 않기 때문입니다. 구체적인 사례를 들으면 듣는 사람은 이해하고 납득하게 됩니다. 자신이 직접 경험했거나 실행했던 사례가 가장 효과적입니다.

마지막, 주장(Assertion)은 처음에 논했던 주장을 반복하는 단계입니다. '따라서', '처음에 말씀드린 바와 같이' 등 주장하는 바를 반복하면서 강하게 끝을 맺음으로써 효과를 높입니다.

AREA 법칙 외에도 PREP(Point → Reason → Example → Point) 법칙, CREC(Conclusion → Reason → Example → Conclusion) 법칙 등이 있지만 기본적인 개념은 똑같습니다. 한마디로 정리하는 말이 주장, 요점, 혹은 결론이라는 말로 바뀔 뿐입니다.

④ 결론부터 말하는 4단 구성법

서론, 본론, 결론의 3단 구성법은 고대 그리스부터 시작된 2,500년 이상의 역사를 자랑하는 구성법(배열법)으로 논문 등에 주로 사용됩니다.

그런데 지금 제안하는 방법은 결론이 마지막에 나오는 3단 구성법을 결론 우선형으로 바꾸어 '결론, 서론, 본론, 결론'으로 이야기하는 '4단 구성법'입니다.

AREA 법칙

A	명확한 주장, 말하고자 하는 바	20자 이내로 표현
R	이유를 명시	'왜'에 대답하기
E	증거 · 예시 제시	구체성 높이기
A	마지막으로 다시 명확한 주장	반복하여 마무리

AREA 법칙 이외의 구성이나 화법 또한 기본은 동일하다

전개	1	2	3	4
AREA 법칙	Assertion 주장	Reason 이유	Evidence& Example 증거 · 예시	처음 주장으로 끝맺기
PREP 법칙	Point 요점	Reason 이유	Example 구체적 사례	처음 요점으로 끝맺기
CREC 법칙	Conclusion 결론	Reason 이유	Evidence 근거	처음 결론으로 끝맺기
포인트	가장 말하고 싶은 점을 먼저 이야기하기(요점, 결론, 주장, 특징, 목적 등)	말하고자 하는 바의 이유 이야기하기	① 구체적 사례 말하기 / ② 이유와 근거 말하기	전개의 1을 반복하여 끝맺음

제가 이 방식을 사용하게 된 계기가 있습니다. 아직 지식이 불충분했던 시절, 논문을 읽는 데 상당히 고생했습니다. 당시에는 논문이 쓰인 배경도 내용도 잘 몰라서 그저 서론(들어가며), 본론, 결론(끝마치며) 순으로 읽어 나갔습니다.

그런데 어느 정도 지식과 경험이 쌓이고 나니 요령이 생겼습니다. 논문 제목을 읽고 바로 결론 페이지로 넘어가 결론을 읽은 다음 서론을 읽는 것입니다. 이렇게 읽었더니 논문을 읽는 부담과 어려움은 줄어들고 이해도는 높아졌습니다.

4단 구성법은 우리에게 익숙한 3단 구성법의 결론을 말머리와 끝맺음에 이야기하면 되기 때문에 준비 과정은 동일하되 효과는 더 뛰어납니다.

그 외의 구성법에는 시간의 경과에 따라 이야기하는 시간 순 구성법, 문학·에세이·영화·드라마 등에 주로 쓰이며 내용 이해보다 감성적인 이야기 전달을 목적으로 한 기승전결법 등이 있습니다. 하지만 간결하고 확실하게 틀림없이 전달하는 것이 가장 중요한 업무 현장에서 이 두 방식의 말하기는 추천하지 않습니다.

결론이 먼저 나오는 4단 구성법

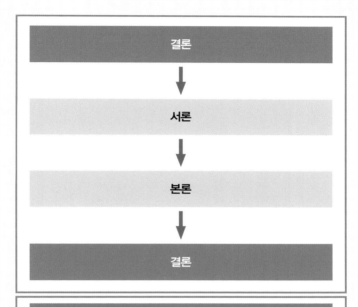

결론

↓

서론

↓

본론

↓

결론

시간 순 구성법

제품 개발의 경위
사고 발생 과정
안건의 성립 과정
} **등에 적합한 구성법**

시간 순으로 전후 관계를 정리하여 설명하면 듣는 사람이 이해하기 쉽습니다.

업무 현장에서의 대항목 예시

업무 개선책 제안
현황 및 문제점 → 개선책 → 개선 효과 예측 → 실시 계획
문제 해결 보고
발생 과정 → 원인 → 대책 → 실시 계획

제6장 정리

1 이야기의 내용을 듣는 사람이 요약해 재확인하면 대화가 원활히 진행된다.
　① 상호성
　② 수평성
　③ 대면성

2 논리적으로 말하기 위한 세 가지 요소
　① 명확한 주장
　② 명확한 이유
　③ 논리적 신호(접속사)의 적절한 사용

3 자신이 이야기할 내용을 스스로 충분히 이해해야 한다.

4 듣는 사람의 이해도(수준)에 맞추어 이야기해야 한다.

5 누구에게 무엇을 이야기할 것인지 명확히 한다.

6 말하고자 하는 바를 간결히 정리한다.

7 '시원한 화법'을 배우고 익힌다.

8 삼각 시나리오를 활용해 말한다.

9 논리 우선형으로 말하면 환영받는다.

10 'AREA 법칙'을 이용해 논리적으로 이야기를 구성한다.

11 '4단 구성법'을 이용해 결론 먼저 말한다.

마치며

끝까지 읽어 주셔서 감사합니다.

듣는 기술과 말하는 기술을 함께 다루면서 커뮤니케이션 전반에 대해 파악할 수 있도록 책을 구성해 보았는데 어떠셨나요? 목적에 따라서 필요한 부분만 읽은 분, 일단 4장까지 읽은 분 등등 다양할 테지요.

아직 모든 장을 읽지 않은 분들은 남은 부분도 시간을 내어 봐 주시기 바랍니다. 그러면 듣기, 경청, 질문, 확인·요약, 말하기라는 커뮤니케이션의 구성을 한눈에 볼 수 있게 되어 종합적인 커뮤니케이션 능력이 훨씬 향상될 것입니다.

몇 번이고 강조한 내용이지만, 들을 때는 말하는 사람의 입장이 되고, 말할 때는 듣는 사람의 입장이 되어 생각하고 행동하면 상호 이해가 높아질 뿐만 아니라 인간관계도 좋아지며, 나아가 여러분의 커뮤니케이션 기술도 향상됩니다.

전술했듯, 저는 처음부터 커뮤니케이션에 대해 잘 이해하고 있던 사람이 아닙니다. 흔히 말하는 '이과 스타일'이었던 저는 30대가 되어서야 커뮤니케이션을 배워야겠다고 결심했지요. 당시에 다니고 있던 회사에서 열람 가능한 정보 중에 대화법연구소가 주최하는 '커뮤니케이션 강좌'라는 것을 발견하고 수강하기로 했습니다. 만약 그때 그 정보를 발견하지 못했거나 수강하려고 하지 않았다면 지금까지도 제멋대로 커뮤니케이션을 하며 지냈겠지요.

이때의 커뮤니케이션 연수는 수요일 오후 6시 반부터 2시간 동안 진행되는 수업이어서 일이 끝나자마자 달려가 강의를 들었습니다. 저는 야근이 많았던 세대였기에 좀처럼 출석 횟수를 채우지 못해 2년이나 걸려서 수료증을 받게 되었습니다(보통은 초급 6개월, 고급 6개월이면 수료증을 받습니다). 하지만 꾸준히 배운 결과, 일과 인간관계에서의 커뮤니케이션이 상당히 개선된 것을 느꼈습니다.

듣는 기술과 말하는 기술을 갈고닦는 일은 영원한 과제라고 생각합니다. 여러분도 이 기회에 커뮤니케이션 능력을 제고해 보지 않겠습니까? 이 책을 읽어 주신 모든 분들의 듣고 말하는 기술이 종합적으로 향상되기를 바랍니다.

마지막으로 과학서적 편집부의 이시이 겐이치 님, 애써 주시고 지원해 주셔서 감사합니다. 그리고 이전 저서인 『論理的に話す技術논리적으로 말하는 기술』보다도 두 배가 넘는 시간을 들이게 되어 죄송한 마음뿐입니다.

일러스트레이터 니시카와 다쿠 님은 책에 맞는 좋은 그림을 그려 주셨습니다. 이 자리를 빌려 감사의 말씀 드립니다.

대화법연구소 창립자인 후쿠다 다케시 님, 감수를 봐 주셔서 진심으로 감사하다는 말씀 전하고 싶습니다.

마지막으로 원고 작성에 있어 J 씨를 비롯한 대학생, 직장인, 선배들의 귀중한 의견과 제안을 이 책에 담았습니다. 이 자리를 빌려 깊이 감사드립니다.

야마모토 아키오

주요 참고 도서

福田 健/著. (2010). 会社での「話し方」「聞き方」絶対ルール. 朝日新聞出版.

マデリン・バーレイ・アレン/著、出野 誠、菅 由美子/訳. (2010).『ビジネスマンの「聞く技術」』ダイヤモンド社.

東山紘久/著. (2000).『プロカウンセラーの聞く技術』. 創元社.

阿川佐和子/著. (2012).『聞く力』. 文藝春秋.

伊東 明/著. (2009).『つい、相手も話す気になる! 「聞き出す」技術』. ダイヤモンド社

片山一行/著. (2009).『いつの間にか相手の心をつかむすごい聞き方』. ダイヤモンド社.

メンタルケア協会/編. (2006).『対話で心をケアするスペシャリスト《精神対話士》の人の話を「聴く」技術』. 宝島社.

谷原 誠/著. (2008).『「問題」を1秒で解決するするどい「質問力」』. 三笠書房.

箱田忠昭. (2010).『できる人の聞き方・質問の仕方』. 西東社.

和田秀樹/著. (2003).『要約力』. かんき出版

DARETO DEMO KAIWA GA HAZUMI KOINSHO
WO ATAERU KIKU GIJUTSU

© 2017 Akio Yamamoto
All rights reserved.
Original Japanese edition published by SB Creative Corp.
Korean Translation Copyright © 2023 by Korean Studies Information Co., Ltd.
Korean translation rights arranged with SB Creative Corp.

하루 한 권, 잘 듣는 기술

초판 인쇄 2023년 07월 31일
초판 발행 2023년 07월 31일

지은이 야마모토 아키오
감수 후쿠다 다케시
옮긴이 김나정
발행인 채종준

출판총괄 박능원
국제업무 채보라
책임편집 권새롬 · 김도영
디자인 김예리
마케팅 문선영 · 전예리
전자책 정담자리

브랜드 드루
주소 경기도 파주시 회동길 230 (문발동)
투고문의 ksibook13@kstudy.com

발행처 한국학술정보(주)
출판신고 2003 년 9 월 25 일 제 406-2003-000012 호
인쇄 북토리

ISBN 979-11-6983-523-7 04400
      979-11-6983-178-9 (세트)

드루는 한국학술정보(주)의 지식 · 교양도서 출판 브랜드입니다.
세상의 모든 지식을 두루두루 모아 독자에게 내보인다는 뜻을 담았습니다.
지적인 호기심을 해결하고 생각에 깊이를 더할 수 있도록, 보다 가치 있는 책을 만들고자 합니다.